みやちゃんの一度は食べたい極《ごく》うまお取り寄せ 2

竹内都子

はじめに

皆さん、お元気ですか？
竹内都子です。

この度、『みやちゃんの一度は食べたい極うまお取り寄せ2』
として、お取り寄せ本の第2弾を出版することができました。
第1弾を出版したのは２００５年。
本を買ってくださった皆さんから、
たくさんのお葉書やメールをいただきました。
「他のお取り寄せ本には載っていないものが
たくさんあって嬉しい」とか
「お料理好きな人にぴったりのお取り寄せ本ですね」
といったお褒めの言葉から、
「もう少し甘いものを増やしてほしい」とか
「調理するものよりも、
取り寄せてそのまま食べられるものを増やしてほしい」
といったご意見まで、すべて心に刻み込み、

わざわざ送料をかけて取り寄せるのに
ふさわしいものかどうか？
私なりに一つひとつ吟味しました。
いくつかのお店から同じ商品を取り寄せて
我が家のキッチンで対決させたことも、
その過程で夫と意見が別れて軽く言い合いになったことも（笑）
ありましたが、何はともあれ自信を持ってお勧めできる
美味しいものが全国から勢揃いしたのでは、
と自負しております。
また、前回の本でもご好評をいただきました、
私の〈オリジナルレシピ〉ですが、
今回は簡単に出来るタレやソースをいくつかご紹介しています。
あわせてお楽しみください。
この本を手に取っていただいた皆さんの暮らしの中に、
「美味しい！」という言葉が一つでも増えたなら、
これ以上嬉しいことはありません。

目次

●本書データの見方

商品名、アイコン(商品のジャンルを表したもの、下記参照)、容量、価格、販売期間、会社名、住所、電話番号、FAX番号、ホームページのURL、定休日、取り寄せ方法、到着日、支払い方法の順で記載しております。

穀物	肉・魚
調味料	卵・乳製品
スイーツ	惣菜・酒の肴
飲料	野菜・果物

・配送料は表記しておりません。地域によって異なりますので、ご注文される際、お店にご確認ください。

・掲載データは2007年4月現在のものです。お店の定休日、商品の価格などは変動することがあります。また、商品の容量は、今回ご紹介しているものについてです。サイズ・個数の異なるものをお求めの際は、お店の方にお問い合わせください。

・商品の価格は税込価格表示です。

・到着日はあくまでも目安です。お店の状況や天候によって左右されることがあります。

・写真でご紹介している盛りつけは、スタッフがアレンジしたものです。写真に出ているものが、すべて商品に含まれているわけではないことをご了承ください。

・本書で掲載しましたお店との個人的なトラブルに関しましては、当社では一切責任を負いかねます。

みんなの
喜ぶ顔を
見たいから！

ホーム パーティーに 大好評のお取り寄せ

お友達を自宅に呼んで美味しいものを食べる時間。
たまにしか出来ないホームパーティーだから
手抜きをしつつもちょっとは小技を利かせたい。
そんなときにぴったりなもの、ご紹介します。

厳選した素材で板前が焼きあげた究極の玉子焼き

帆立玉子焼き

日高昆布と鰹節のだしに、北海道猿払産帆立貝柱が加えられ、（大）には赤卵7個が使用されている。

なんとも贅沢な玉子焼きを見つけてしまいました。何が贅沢かというと、帆立が入っているんです。毎日のお弁当のおかずに入れるのはもったいない気がしますが、お客さんがいらっしゃったときのおもてなしにも充分対応できる、懐石風の味がポイント。おせち料理に入っていてもおかしくないし、お花見のお弁当に入っていても人気者になりそうですね。

箱を開いたときに、カステラのような美しさにまず感動。食欲をそそる黄金色です。

それもそのはず、大きい方のサイズには赤卵を7個分使っているのだとか。頬張ると卵の甘みとともに美味しいだしがじゅわっと溢れ出てきます。このおだしには大変なこだわりがあって、正統派の日高昆布と鰹節に、帆立貝の旨みが加えられ独特のコクがあります。

湯煎で温めていただくのですが、熱々のときは甘みがより強くふわふわ感が楽しめ、少し温度が下がってくるとだしの風味が引き立ってきて、味が締まっていく感じです。

真空パックに入っていますが、人工的な味ではありません。板前歴25年の職人さんが作る、高級料亭のような味です。温め方にもコツ（?）があり、詳しくは同封の冊子に書かれています。

使われている技術と素材を考えると、このお値段はリーズナブル！　一度、ご家庭の玉子焼きと比べてみてください。

和食板前経験25年、究極の玉子焼きをめざして焼きあげているという。

峠の鶏小屋
北海道札幌市豊平区豊平4条10丁目2番13号
TEL　011-815-1708
FAX　011-815-1708
URL　http://www.tamagoyaki.jp/

休●月曜（祝日の場合は火曜）
取寄せ方法●インターネット、電話、FAX、郵便
注文から商品到着までの期間●入金確認後3日以内
支払い方法●カード決済、銀行振込、郵便振替、代金引換

商品名
帆立玉子焼き（小）、（大）
容量
（小）230g、（大）460g
価格
（小）550円、（大）1050円
販売期間
通年

上品な木箱に入って届くので、贈り物としても喜ばれること請け合い。

イタリアの一流ブランドが作るソースで自宅で手軽にバーニャカウダ

バーニャカウダセット

最近、北海道の居酒屋では粉吹き芋にイカの塩辛を載せたものが流行っているそうです。これはおそらく、イタリアのバーニャカウダからヒントを得ているのではないかと思っています。

　バーニャカウダとは、イタリア・ピエモンテ州の郷土料理です。アンチョビやニンニクを潰したものをオリーブオイルでのばし、そのソースをアルコールランプのようなもので温めながら、野菜をくぐらせて食べるもの。私もイカの塩辛を使って、自己流の「和風バーニャカウダ」(パート1にレシピを掲載しています)をときどき作りますが、本物のバーニャカウダはほとんど作ったことがないのです。中に入れる材料をイマイチ把握していないし、クセの強い素材同士のバランスの取り方も難しそう。

　けれど、このセットがあればそんな心配もナッシング！　すでに絶妙なバランスのもとに作られたソースを温めるだけで、お洒落なイタリアンが演出できてしまいます。何よりも嬉しいのは、野菜をバリバリ、ポリポリとたくさん食べられること。パプリカ、人参、きゅうりなどはもちろん、旬のオクラやなすも生でチャレンジしてみては？　そうそう、八石なす(42ページ)をこのソースで食べてみたらすごく美味しかったですよ。

　濃厚なソースなので、オリーブオイルでのばして好みの味にした方がいいかもしれません。温かいサラダ感覚でどうぞ。

熱々のソースに
好みの野菜をくぐらせて。

商品名	イル・モンジェットのバーニャカウダセット
容量	210g
価格	3990円
販売期間	通年

三留商店
神奈川県鎌倉市坂ノ下15-21
TEL　0467-22-0045
FAX　0467-24-3009
URL　http://www.mitome.jp/

休●火曜、第3水曜
取寄せ方法●インターネット、電話、FAX、郵便
注文から商品到着までの期間●2〜5日
支払い方法●代金引換

創業1863年。国内外より取り寄せた食材、オリジナルの薬膳ソース、ピクルスビネガーを販売。

通常のセットは、ソース1瓶に、
専用容器、キャンドルがついてくる。

「日本一美味しい金目だよ」と豪語する稲取の漁師さんに反論はなし！

金目鯛

数あるお魚料理の中でも、これがもっと上手に作れたらいいのになあと思うのは、何と言っても金目鯛の煮付けです。

脂ののった金目鯛の身と、甘辛くこってりとした煮汁がから み合って…と、想像するだけでお腹が鳴ってしまいそうです。

干物も一緒に取り寄せたい。
肉厚な身は焼き過ぎないこと。

でもやはり、新鮮で美味しい金目鯛がなければ話が始まりませんよね。というわけで、近海金目鯛のブランドとしては一、二を争う伊豆の稲取から、ときどき丸々一匹をお取り寄せしています。

実は数年前に、稲取へ金目鯛漁の取材にお伺いしたことがあったのですが、ロケ当日は大シケで、ジェットコースターに100回乗った後のようなヘロヘロの状態になって帰還したのです。残念がる私を可哀想に思ったのか、後日、漁師さんが大きな金目鯛を送ってきてくれました。今まで食べてきたものとは数段違う身の締まり方で大満足でした。脂がのっているけれど、脂臭さや生臭さがなく、絶品の煮付けができました。稲取の金目鯛は、餌として食べている魚の違いから、他の近海で獲れたものよりも全脂肪量の数値が高いのだとか。

お取り寄せしたその日ならば、お刺身やしゃぶしゃぶなど、普段食べられないメニューにも挑戦してみてください。11月～3月はより脂があって、「なんでこんなに美味しく生まれて来てくれたの！」と伊豆の海に向かって感謝したくなる気分です。

稲取漁業協同組合
静岡県賀茂郡東伊豆町稲取355
TEL　0557-95-2023
FAX　0557-95-3841
URL　無

休●火曜（通年）、土曜（1月20～3月31日）
取寄せ方法●電話、FAX
注文から商品到着までの期間●不定（電話にて問い合わせ）
支払い方法●銀行振込、代金引換

稲取では夜明け前から出漁し、お昼過ぎには港へ戻り、駿河湾の新鮮な金目鯛を水揚げしている。

商品名
稲取産金目鯛（生）
金目鯛の干物

容量
不定

価格
ともに時価

販売期間
通年（ただし水揚げがあるときのみ）

赤く輝くような艶、形、大きさと、
三拍子そろった金目鯛はまるで芸術品。

肉の芯まで味がしみわたる ドイツの伝統的な家庭料理

アイスバイン

アイスバインって何？　といわれても、と今までわかっているようでわかっていなかった私。

でもこちらのアイスバインをお取り寄せしてからは、自信をもって説明ができるようになりました。塩漬けの豚すね肉を、香味野菜や香辛料といっしょに数時間煮込んで作るドイツの伝統的な家庭料理なんです。アイスとつくくらいですから、ハムの親戚のように冷たいオードブル感覚でいただくものだと思っていたので、こちらを取り寄せたときは、まずスープに入れて温かくして食べるというのが新鮮でした。蕪やきゃべつなど好みの野菜を入れたら、立派なポトフや洋風鍋になると思います。

感動するのは、このすね肉の柔らかさ。骨離れもよくほろほろと口の中でくずれていき、それでいて豚肉の旨味はしっかりと主張しています。それがしみ出たスープがまた絶品なのです。

コラーゲンもたっぷり含んでいるので、翌日のお肌はツルツルになっているはず。具を平らげた後は、残りのスープにごはんを入れてリゾット風にしたり、ラーメンを入れたりして、ぜひ最後の一滴まで味わい尽くしてほしいです。

すね肉まるまる一本分にスープがたっぷりついて、このお値段は絶対にお買い得。私はいつもレバークネーデルを一緒に注文して、ポトフの脇役にしています。寒い季節のパーティーにもぴったりですよ。

野菜を入れて煮込むだけで、本格的なドイツ料理に。あっさりした味付けなので好みで塩こしょうを。

商品名

アイスバイン（スープ付）
レバークネーデル
レバーケーゼ

容量

アイスバイン
（400～500g・スープ　500cc）
レバークネーデル　190g（4個入）
レバーケーゼ　100g

価格

アイスバイン　1575円
レバークネーデル　400円
レバーケーゼ　305円

販売期間

通年

レッカーランドフクカワ　浜松店
静岡県浜松市西伊場町53-5
TEL　053-451-3820
FAX　053-451-3820
URL　http://www.rakuten.co.jp/lecker/

休●火曜　**取寄せ方法**●インターネット、電話、FAX
注文から商品到着までの期間●2～4日
支払い方法●カード決済、銀行振込、郵便振替、代金引換

輸入ではなく、工房でつくられた自家製ドイツハム・ソーセージを提供する。

聞きなれないレバークネーデルは、
つみれ感覚で。臭みはまったくない。

焼きたての香ばしさそのままの「炭焼」とふんわりの「蒸し」。あなたはどちら派？

炭焼あなご&蒸しあなご

明石には「魚の棚《うおんたな》」という場所があります。

瀬戸内海で獲れた新鮮な魚介類を並べたお店が百軒も連なる、魚好きの私にはまさに夢のような商店街なんです。

こういう場所に来るといつも「あ～ぁ！　いつかここに住みたい！」って思ってしまうのですが、10年ほど前に関西では有名な高級住宅地・芦屋の六麓荘に、ある著名人を訪ねて行ったことがありました。「これって家？　それともプチリゾートホテル？」と思わせるほどのリビングルームには、ホテルのパーティー会場さながらに数々のお料理が並べられていたのです。

その中で目を奪われたのが「炭焼きあなご」だったのです！あまりの美味しさについつい何枚も食べてしまい、「みやちゃんはあなご好きねぇ～」と呆れられる始末。そのときに、明石のあなごの魅力を知りました。

ほどよく身が締まっていて、旨味が凝縮された炭焼きあなごは、香ばしく、食欲をそそられます。弾力があってプリプリした歯応えに、付属のタレが絶妙に絡んでくれます。

蒸し穴子の方はというと、ふっくらジューシーでほんのりと甘みがあり、口の中でほろほろと崩れる食感がたまりません！炭焼きあなごとは逆に、その柔らかさは上品でおしとやかな印象なんですね。

どちらも、危険なほどお酒が進みますよ。

温める際、下味はとくにつける必要ナシ。付属のタレで充分です。

商品名
炭焼あなごLL、蒸し穴子

容量
炭焼あなごLL
約260g（3～4匹/串・タレ付）
蒸し穴子　約100g（1匹・タレ付）

価格
炭焼あなごLL　3360円
蒸し穴子　1050円

販売期間
通年

1日20食限定のあなご弁当が店頭にて人気。

林喜商店
兵庫県明石市本町1-4-20
TEL　078-911-3378
FAX　078-911-0831
URL　http://www.hayaki.co.jp/

休● 木曜
取寄せ方法● インターネット、電話、FAX
注文から商品到着までの期間● 1～3日
支払い方法● 銀行振込、郵便振替、代金引換

炭焼のLLサイズはかなりの迫力。
大きさだけでなく身の厚さも極上。
蒸しはわさびと塩で食しても旨い。

口の中で溶けゆく旨い脂は
イベリコ豚だからなせる業

チョリソー イベリコ ベジョータ＆サルシチョン イベリコ ベジョータ

手で握り、人肌で温めたあとに
口に放り込む
マニアックな食べ方もぜひ！

なんとも大胆。だって、イベリコ豚をチョリソーにしてしまうんですから！ これを知ったときは、「こんなの、もったいなさ過ぎる！」と思いましたが、一口食べたら、もう虜でした。

チョリソーの方は、パプリカのスパイシーさとイベリコの旨味の相性が絶妙。サルシチョンは、胡椒系のスパイスの香りが効いています。どちらも、イベリコ豚独特の旨味が見事に生かされたスペインのおつまみ界の傑作でしょう。食感は、サラミに近いです。市販のサラミは数枚口に入れただけで胃にもたれる感じがしますが、こちらは、ワインを片手にいくらでも食べられそうで、ちょっと怖いです。

かなり脂がありますが、これが旨さの秘密。イベリコの脂の融解温度は、普通の豚肉よりも低いため、口の中でさらっと溶けてしかも旨味の成分が強いんですね。さて、マニアックな食べ方をご紹介しておきましょう。スライスしたものを数十秒間手でぎゅっと握ってみてください。脂が溶け出したところを口に入れると、これがまた格別。この食べ方の注意点は、おてふきを手元に用意すること（笑）。

ちょっとお高く感じますが、実際に取り寄せるとその太さ、大きさに驚きます。日持ちもするので、コストパフォーマンスは高いはず。バゲットにスライスしたものを数枚載せ、さらにチーズを載せてバーナーで炙って食べたら、最高でした。

商品名

チョリソー イベリコ ベジョータ
（ハーフカット）（原木）
サルシチョン イベリコ ベジョータ
（ハーフカット）（原木）

容量

チョリソー（ハーフ）約500〜900g、
（原木）約1.0〜1.3kg
サルシチョン（ハーフ）約500〜700g、
（原木）約1.1〜1.6kg

価格

チョリソー（ハーフ）約4620円、
（原木）約7000円
サルシチョン（ハーフ）約3960円、
（原木）約8000円

販売期間

通年

グルメミートワールド
栃木県日光市土沢2002-2
TEL　0120-000-029
FAX　0288-32-2919
URL　http://www.gourmet-meat.com/

休●土曜、日曜　**取寄せ方法**●インターネット、FAX
注文から商品到着までの期間●2〜3日
支払い方法●銀行振込、郵便振替、代金引換、コンビニ払い

グルメミートワールドのサイトでは、定期的に目玉商品を割引価格で紹介する“週末グルメ応援隊”というコーナーがある。

このボリュームを生かすなら、
少し厚めに切るのがおすすめ。

年に一度くらい、こんな贅沢鍋もあり!? 肉厚の幸せを噛みしめましょう

クエ鍋

クエは通年漁獲されるが、旬は冬。九州ではアラと呼ばれている。

フグと並ぶ、いえ、フグ以上に高級なお魚、それは和歌山のクエか、九州のアラか!

和歌山県人のあいだでは、「クエを食べたら他の魚はクエん」と冗談まじりにいわれているほど、愛されている味です。

10年ほど前に、クエ料理を出す和歌山の民宿に行ったことがあります。庭で、ご主人が30kgの活クエをさばくところを見せてもらったのですが、まるで「野生の王国」のようでした。しかし、そのクエの美味しかったこと! それ以来、私の心はクエに夢中になりましたが、長年、あれほど美味しいクエに出会うことはありませんでした。

けれどこの〈風車〉さんは、白浜にあるクエ料理専門の店。ホームページを覗くと、クエとご主人の2ショットがあるのですが、で、でかい…。あまりの巨体ぶりに思わず小躍りしてしまいました。

切り身で届けてくれる鍋セットは、そんな巨大魚とは思えない繊細な味。絶妙に脂がのって、独特の甘みが感じられる肉厚の身は、今まで食べたどの魚とも違う食感でしょう。皮のそばにはプリプリのゼラチン質があって、ここがまたいい味。

漁獲量も少なく、幻の魚といわれている食材ですから、お値段も相当高いもの。贅沢この上ない、本場紀州の味がそのまま自宅で味わえるこのお取り寄せは、きっとあなたの「お鍋史」に刻まれることでしょう。

本クエ料理専門店で、仕入れには、主人が目いっぱいこだわっている。

活魚・鍋料理 風車
和歌山県西牟婁郡白浜町2319-6
TEL 0739-42-4498
FAX 0739-43-0711
URL http://www5e.biglobe.ne.jp/~fusya/

休●水曜
取寄せ方法●電話、FAX
注文から商品到着までの期間●3～4日
支払い方法●銀行振込、代金引換

商品名
宅配 本クエ鍋(上)、(特上)
容量
ともに500g(2～3人前)
特選ぽん酢付
価格
上 13120円、特上 18900円
販売期間
通年

〈風車〉さん曰く、
ハラ身の部分の脂ののった
「クエトロ」が味の決め手。

箱を開けた瞬間からワクワクする上質デザートの宝石箱。

ホテルメイドのプリン&ゼリー

スマートな容器で、一個一個の量が控えめなのもパーティー向け。

最初、頂き物としてこれを食べたのですが、「な、なぜ、福井からこんなにお洒落なゼリーとプリンが届くの?」ととても不思議な気持ちでした。

だって、福井からのお取り寄せといえば、今まではカニやお魚、お惣菜でしたから! センスの光るラインナップ、心にくいほど味にも工夫がされてあって、これだけレベルの高いゼリーは、東京のデパ地下でも見つけるのは至難の業でしょう。

うっすらピンクが美しい桜のパンナコッタは香りが楽しく、中には桜餅が。また、白胡麻のブラマンジェは濃厚な胡麻と生クリームのまったり感がたまりません。どちらも素材は和風なのに、和を主張しすぎていないのがGOOD。

黒糖プリンも、とろけるようなやわらかさで、黒糖特有の甘みと香ばしい苦みのある匂いが鼻を突き抜けます。一緒にいた友人達と、それはどんな味? と交換し合い、あっという間に全種類食べてしまいました。

〈サバエ・シティーホテル〉さんの、まだ30代の総料理長さんが日々工夫を重ね、驚きの味をたくさん生み出しているとのこと。このシリーズは多くの種類があるのですが、他にはライチのゼリーや福井梅のゼリー、マンゴープリンなどが人気だとか。パッケージを空けたときに、宝石箱のようなカラフルさを楽しみたいのなら、ぜひ詰め合わせをお取り寄せしてみて。

商品名

白胡麻のブランマンジェ
マンゴーの王様プリン、黒糖プリン
水羊かん、抹茶のパンナコッタ
ライチのゼリー、福井梅のゼリー
桜のパンナコッタ
※季節によって多少の変更あり

容量

ともに120ml

価格

白胡麻　400円、マンゴー　550円
黒糖　450円、水羊かん　450円
抹茶　500円、ライチ　550円
福井梅　400円、桜　580円

販売期間

通年
(桜のパンナコッタ2月上旬~4月中旬)

福井県鯖江市に位置するホテル。目の前にはつつじの名所・西山公園があるなど、観光名所としても知られる。

サバエ・シティーホテル
福井県鯖江市桜町3-3-3

TEL　0778-53-1122
FAX　0778-53-1123
URL　http://www.rakuten.co.jp/sch/

休●日曜、祝日　**取寄せ方法**●インターネット、電話、FAX　**注文から商品到着までの期間**●5~7日
支払い方法●カード決済、銀行振込、郵便振替、代金引換

季節によって、バラエティに富んだ味が
楽しめる。福井出身だという若きシェフ、
藤井正和氏のセンスが行き届いた
楽しいデザート。

気分はヨーロッパ・ビア旅行？日本酒の酒蔵が生んだ、世界に通じる味

常《ひ》陸《たち》野《の》ネストビール

実は私、炭酸飲料はあまり得意ではありません。まったく飲めないわけではないですが、ビールなどを自ら進んで飲むことは、めったにないのです。

そんな私が、あるバーで出されて、「これ、美味しいわ！」とつぶやき、ついついおかわりしてしまったのが、こちらの常陸野ネストビールでした。

それもそのはず、なんとこのビールは、ワールド・ビア・カップという、アメリカで開催される世界最大のビア・コンペでゴールドメダルを取っているほどの、知る人ぞ知る地ビールの名ブランドだったんです！

このビールを作っているのは、創業180年を誇る〈木内酒造〉さんという茨城の造り酒屋。イギリスのエールを始め、本場のヨーロッパビールの味を日本でも実現させようと研究に研究を重ね、酒蔵の一部を改造するに至りました。さらに注目すべきポイントとしては、長きにわたって美味しい日本酒を作ってきた井戸水を、このビールにも使用しているところです。日本酒が作られている隣で本格ビールも製造されているなんて、なんだか不思議な感じがします。地ビールもついにここまで来たのね、と感動すら覚えました。

種類も多いので、まずはセットで買って、それぞれの個性を楽しんでみてください。今回取り上げた中での私のお気に入りは、なんと言ってもコクと深みのあるアンバーエールです。

日本のドライのように
ごくごく飲むのではなく、口の中で
ゆっくり味わいたい。

商品名

常陸野ネストビール
（アンバー、バイツェン、ペール、スイートスタウト、ホワイト）

容量

ともに330ml

価格

ホワイトのみ347円
それ以外は368円

販売期間

通年

木内酒造
茨城県那珂市鴻巣1257

TEL　029-298-0105
FAX　029-295-4580
URL　http://kodawari.cc

休●1月1日
取寄せ方法●インターネット、電話、FAX
注文から商品到着までの期間●3日以内
支払い方法●カード決済、銀行振込、郵便振替、代金引換

1823年、常陸の国那珂郡鴻巣村の庄屋・木内儀兵衛が酒造りを始め、以来180年余りも酒蔵を営んでいる。

ローストの香りが光るアンバーエール、
黒ビールのスイートスタウト、
ほのかなバナナのような風味がする
ドイツのバイツェン、
英国式醸造法にこだわったペールエール、
淡色にごりビールのホワイトエール。
それぞれの個性を楽しんで。

チーズ屋さんが作る贅沢ケーキは ゴルゴンゾーラたっぷりでワインにぴったり！

チーズケーキ

チーズは大好物なのに、なぜかチーズケーキはあまり買わない私。どうせ食べるのなら、三時のおやつにケーキを食べるよりも、夜、ワインとともにチーズを楽しみたい、と思ってしまうからなのです。酒呑みなだけに。

でも、これを食べたときはワインと食べるケーキだわ！　子どもには食べさせられないわ！　とウキウキしたのです(笑)。

名前からしてブルーシャトゥですから、アダルトな雰囲気でしょ。銀座に店舗を構える〈アロマッシモ〉さんは、ケーキ屋さんではなく、チーズ専門店なのです。フランス国家最優秀職人、MOFの称号を持つ方が作った最高級のゴルゴンゾーラを輸入し、それを60%も使用した手作りのベイクドタイプ。

外側の香ばしさとクリーミーな甘さと、ゴルゴンゾーラ独特のコクと刺激的な青カビの塩気が見事に調和した、恐るべきチーズケーキなのです。

お値段も、私が今まで食べたチーズケーキの中では最高級。でも、これだけふんだんにゴルゴンゾーラを使っていたらそれくらいのお値段になるでしょうよ、と納得してしまいました。

大切な人、しかもこのクオリティをわかってくれる人だけに贈りたい、通のための勝負チーズケーキとでも呼びましょうか。もちろん、自分へのご褒美にもうってつけですよ。その日は、ちょっと良い赤ワインをあけちゃってくださいね。

取り扱っているチーズの種類は実に豊富。あわせて取り寄せたい。

チーズ専門店として、約14年前に銀座に2店舗を構えた。チーズケーキの他に、それぞれの季節の旬のチーズや日本未入の珍しいチーズを販売している。

アロマッシモ銀座2丁目店
東京都中央区銀座2-5-18
TEL　03-3535-4747
FAX　03-3535-4748
URL　http://www.aromassimo.co.jp

休●無
取寄せ方法●インターネット、電話、FAX
注文から商品到着までの期間●2～3日
支払い方法●銀行振込、代金引換

商品名	ブルーシャトゥ
容量	1台
価格	5800円
販売期間	通年

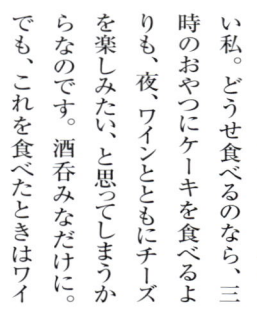

世界最高峰のゴルゴンゾーラを
ふんだんに使用できたのは、チーズ屋さんだからこそ!
また他にも、フロマージュ・ブランというフレッシュチーズと
つぶあんを使用した、アンシャンテというチーズケーキも
大人気商品。香料や着色料、保存料は無添加。

みやこのオリジナルレシピ

にんにく醤油

レシピというのもおこがましいくらい、
かんたん。春のにんにくシーズンに
我が家では必ず作ります。
ステーキソースやパスタの隠し味にも!

●材料

にんにく
お醤油(P60のお醤油だと最高!)
……………………………どちらも、ご家庭にある瓶に入りやすい量で。

●作り方

にんにくを房に分け薄皮もむき包丁の腹で半つぶしにして瓶いっぱいに詰める。そこにお醤油をなみなみと入れて、冷暗所で1ヵ月以上熟成させる。

POINT

醤油漬けのにんにくも、いろいろなお料理に使えます。お醤油が減ってきたら、また注ぎ足せばOK。冷蔵庫で3ヵ月くらいは保ちます。

しょっつるの甘辛ダレ

上記のにんにくの醤油漬けを使ったタレ。
生春巻きのタレにもなりますし、
お肉や魚の揚げ物もエスニック風になりますよ。

●材料(作りやすい量)

Ⓐ
- タマネギ(あれば新タマネギ)………¼個
- 青唐辛子 ……………………………………… 5本
- にんにくの醤油漬け……………………… 1個

Ⓑ
- 柿酢(P54) ………………………………………50cc
- しょっつる(P52)、ごま油、はちみつ ……………………………………各大さじ1

●作り方

Ⓐはすべてみじん切りにし、Ⓑの材料をすべて合わせたところへ投入。よく混ぜる。

POINT

青唐辛子の量はお好みで加減してください。さらにエスニック風にしたい方は、香菜を入れてもGOOD!

旬に
食べるって
こんなに
感動!

季節を感じる

期間限定のお取り寄せ

東から西から、ここぞ！　というタイミングで
旬の美味しさをお取り寄せできるなんて
なんという贅沢でしょう！
今から カレンダーに◯印をつけたいものばかりです。

初夏に一度は食べたい風味豊かな絶品アスパラ

ホワイトアスパラ&グリーンアスパラ

北海道の美味しい野菜といえば何でしょう？　やはりじゃがいもやとうもろこしが有名ですが、アスパラガスも絶品ですよね。

その最高級のものが、この〈ノースファーム星の家〉にあります。以前、ロケの途中で偶然立ち寄ったときに、「10分待ってくれたら、獲れたてを食べさせてあげるよ！」と言われ、首を長くして待つこと10分…のはずが数十分にも感じられました。

そうして出てきたのが、オーブンで焼かれてオリーブオイルとお塩をかけただけのグリーンアスパラガス。あの美味しさは忘れられません！　頬張ると、一瞬で甘みが広がりました。最高の食材には、シンプルな調理法が一番なんですね。

もちろん、茹でてもシャキシャキの歯応えが失われることはありませんよ。

ホワイトの方は、以前テレビで見た、南イタリア料理を真似たレシピに挑戦しましたが、これがまた大ヒット！　以来、我が家ではすっかり南イタリア風にハマっています。

ただ、一つだけ注意を。保存する際はポリエチレンの袋かラップに包んで冷蔵庫に「立て置いて」ください。横に寝かせて保存すると鮮度が早く落ちてしまうのです。

保存方法さえ気をつければ、あとは美味しくいただけます。あなたのお家でも、「ハマる」アスパラガスの食べ方を探してみてください！

ホワイトという珍しい食材だからこそ、いつもと一味違う料理を試してみては？

ノースファーム星の家

北海道伊達市大滝区三階滝町640

TEL　0142-68-6554

FAX　0142-68-6584

URL　http://www.hokkaidou.org/

休●無

取寄せ方法●FAX

注文から商品到着までの期間●約1週間

支払い方法●郵便振替、代金引換

さまざまな農法に取り組み、作物の特性や『土の状態』に合わせて極力農薬を使わず、安心して食べられる作物を生産している。

商品名

美笛高原　朝どりアスパラ

容量

1kg

価格

グリーン　3150円
ホワイト　4200円

販売期間

6月上旬～6月末頃

グリーンならば
スーパーで買えるから…
と思うことなかれ!
ぜひ2種類取り寄せて
味の違いを楽しんでほしい。

富良野のメロン農園から届く甘さと香りに夢心地

アートレッドメロン

夏の北海道旅行で出会ったのが、この〈ふくだめろん〉さん。今まで知らなかったのが悔しいくらいの極上の味です。ライダーズハウスとメロン農園を兼業していて、ツーリングをする人の間では有名なお宿だそうです。

車を走らせていると、富良野の道路の脇には数え切れないほど「めろん」「とうもろこし」という看板があって、どこのものを買っていいのか一見さんにはまったくわからない…そこで、泊まっていたお宿に、「これから富良野に行くのですが、どこのメロンが美味しいですか?」と聞くと、間髪入れずに「ふくだめろんです!」と教えてくれました。旅先で美味しいものに出会うには、やはり地元の人に教えてもらうのが一番。広々としたメロン園と隣接しているお店にたどり着き、その場で切ってもらったメロンのあまりの美味しさに我を忘れ、気がつけば私も夫も、まるまる一個ずつ平らげていたんですから!

こちらではメロンしか栽培しておらず、一個一個のベストな収穫時期をくまなくチェックしていて、そのこだわりが味にちゃんと反映されているんですね。「甘くなったか?」「なったよ」とメロンとご主人が会話しているのではと思うほど。私は今まで青玉派でしたが、これは赤玉なのに青玉の爽やかさがあり果肉もほどよく柔らかく、糖度も高いんです。これから毎年お取り寄せしてしまいそうな私です。

包丁で切った先から、甘い香りに部屋中が包まれる。

ふくだめろん
北海道空知郡中富良野町東1線北16号

TEL 0167-44-3529
FAX 0167-44-4002
URL 無

休●無
取寄せ方法●電話、FAX
注文から商品到着までの期間●入金確認後、3～4日
支払い方法●銀行振込、郵便振替

広大なメロン園を有し、ライダーズハウスを兼業している。

商品名	アートレッドメロン
容量	1個
価格	1000円前後
販売期間	6月下旬～9月中旬(8:00～18:00)

メロンは熟れ具合が命。
タイミングにとことんこだわり、
発送してくれるのが嬉しい。

これはもはやフルーツ⁉ 生で齧れば、衝撃の甘さが

フルーツコーン

じゃがいもとかぼちゃもお取り寄せ可能。販売期間は盆明けからスタート、値段は時価。

前ページのメロンと同じく北海道に旅行したときに紹介してもらったのがここ、〈ゆめの野菜小屋〉さん。8月のその頃が、ちょうどとうもろこしの最盛期だったんです！　「どうぞ食べてみて」と手渡されたのは、なんと生のとうもろこし！　夫と二人でおっかなびっくり食べてみると…甘かった！　それも無茶苦茶甘いんです！　まるで果物を食べているようでした。聞くところによると、糖度が18～20度にも達するそう。これはメロンよりも高い数値です。どうりで、そんじょそこらの果物に負けない甘さだったわけです。

生で食べると、独特のシャキシャキ感が心地良いのです。粒皮は柔らかくて中身はジューシー。フルーツコーンとはよく言ったものです。ぜひ一度生でトライしてみてください。

とうもろこしも最近は新しいブランドがたくさん出来ているようですが、この味来という品種は時間が経ってもあまり糖度が落ちないそうです。お取り寄せ向きと言えるかもしれません。たくさんお取り寄せしすぎて「食べきれないわ」というときは、鮮度がいいうちに茹でるか蒸すかしたものを、粒だけそいで冷凍しておくと甘みもそのままで、いろいろなお料理に使いやすいですよ！　我が家では天ぷらにしたら大好評でした。

富良野の大自然の中で、太陽と愛情を浴びて育てられるとやっぱり違うものですね。

より良い状態で届けるため、低農薬で育てたとうもろこしを朝もぎし、チルド便で配送する。

ドライフラワーイワタ ゆめの野菜小屋
北海道空知郡上富良野町東1線北20号

TEL　0167-45-9873
FAX　0167-45-9873
URL　http://www.df-iwata.com

休●夏期は無休
取寄せ方法●FAX
注文から商品到着までの期間●時期により異なる。
支払い方法●郵便振替、代金引換

商品名
フルーツコーン　味来《みらい》390

容量
10本(4kg)、20本(8kg)

価格
10本　1300円
20本　2400円
(時間がたつにつれて安くなる本数は何本でも可)

販売期間
8月20日～9月20日

どの粒も形がよく、頭からお尻まで実がぎっしりと詰まっている。

加賀が大切に育んだ伝統野菜15種類
季節ごとの味覚を楽しんで

加賀野菜

　産地直送の野菜も、全国各地からお取り寄せが可能になりました。一度試していただきたいのが、この加賀野菜です。金沢の台所、近江町市場でお買物をしたような気分になれますよ。

　こちらの商品を取り寄せるまで、加賀地方で獲れた野菜はすべて加賀野菜と呼ぶのかと思っていましたが、違うんですね。加賀野菜の定義がちゃんとあったのです。昭和20年以前から金沢地方で栽培され続けている、打木赤皮甘栗かぼちゃ、さつまいも、源助だいこん、二塚からしな、加賀太きゅうり、金時草、加賀つるまめ、ヘタ紫なす、加賀れんこん、金沢一本太ねぎ、たけのこ、せり、赤ずいき、くわい、金沢春菊の計15品目。初めて見る野菜も多く、珍しもの好きの私は興味津々でした。

　こちらの中から旬のものを何品か、予算に応じてチョイスできます。私のお気に入りは、夏に取り寄せた加賀太きゅうり。巨大なズッキーニほどの大きさで、輪切りにして、オリーブオイルでソテーしてお塩でいただきました。珍しいところでは、金時草や赤ずいき。どうやって調理しようかしら？　と悩みましたがおひたしや煮物など、シンプルな料理法の方が素材の美味しさが光ります。簡単な加賀野菜レシピブックを一緒に同封してくれるのも嬉しいところ。

　和の野菜だからといって躊躇することなく、いろいろなレシピに挑戦してみてください。

初体験の味もきっとあるはず。ヘルシーな加賀野菜パーティーはいかが？

JA金沢市 ほがらか村本店
石川県金沢市松寺町末59-1

TEL　076-237-0641
FAX　076-237-0675
URL　http://www.is-ja.jp/kanazawa/

休●3,6,9,12月末、年末年始
取寄せ方法●インターネット、電話、FAX
注文から商品到着までの期間●2〜3日
支払い方法●代金引換

〈ほがらか村〉では、生産者が毎朝獲れたての野菜を出荷し、販売している。

商品名
金時草《きんじそう》ほか
※他の野菜については要問合せ

容量
約200g

価格
180〜250円（時期により異なる）

販売期間
それぞれに旬があるので、電話で確認を

上から、金時草、
金沢一本太ねぎ、
赤ずいき、加賀れんこん、
さつまいも、加賀太きゅうり、
打木赤皮甘栗かぼちゃ、
加賀ヘタ紫なす、
つるまめ、せり

葉っぱの先まで甘くてジューシー。旨さのヒミツは姿勢の悪さにあった！

曲がりねぎ

日本の野菜が高い理由。悲しいかな、その一つに、「不恰好なものを消費者が買いたがらない」ということが挙げられると聞いたことがあります。

きゅうりも大根も、くねっと曲がってしまうと、それだけで価値が下がってしまうらしいのです。ねぎなんて、その最たるものでしょう。スーパーで売っているものは、どれもシャキッと姿勢がいいですものね。けれどこちらの商品は姿勢が悪い、悪い。その名も仙台曲がりねぎ。

仙台地方近辺で大切に育てている、れっきとした名産なのです。なんでも、この地方は、畑の地下水位が高く、通常の真っ直ぐなねぎを栽培するのが難しかったために、曲がりねぎが考案されたのだとか。まっすぐ生えているねぎを一度土から抜き、角度をつけて寝かせ、その上から土をかけて育てるのだそうです。すごい手間ですよね？　でも、その手間がちゃんと旨さにつながっているから立派です。

まずはシンプルに、フライパンで焼いて焦げ目をつけ、お塩でどうぞ。「えっ？　ねぎってこんなに甘かったの！」と驚くはず。

また、冬から春にかけてぜひ一緒にお取り寄せしてほしいのが、セリなんです。シャキシャキ感がまるで違う！　お鍋の具にはもちろん、おひたしにしても春の息吹を感じられそう。

日常に食べるものだからこそその違いが如実にわかる、あなどれない食材です。

セリは緑の濃さからして違う！
独特の香りとほろ苦さが特徴。

青果の八百庄本店
宮城県仙台市青葉区中央4-3-1
TEL　022-267-6003
FAX　022-227-9261
URL　http://taisin-yaosho.ftw.jp/

休●日曜、祝日
取寄せ方法●インターネット、電話、FAX
注文から商品到着までの期間●入荷状況による
支払い方法●銀行振込、代金引換

仙台朝市の中央部に位置している。「鮮度が命」をモットーに、仕入れたその日に販売。

商品名
仙台曲がりねぎ、せり

容量
曲がりねぎ　1束（300〜500g）
せり　1束（100〜120g）

価格
曲がりねぎ　100〜150円
せり　80〜150円

販売期間
曲がりねぎ　10〜3月
せり　11月下旬〜3月上旬

いわゆる東京ねぎよりも、
一まわりほど細め。
仙台ではポピュラーな食材。
ぬたにしても美味しい。

富山の海と山の味覚がおりなす
冬の伝統料理の王道

かぶら寿し

原料の加工から、商品として完成するまでに2週間かかるという、手間隙かけた味。

かぶら寿しとは、石川や富山など（旧加賀藩地方）に伝わるなれ寿しの一種です。日本海の冬の王様・ぶりを、この地方特産の蕪で挟み、ご飯を麹と合わせて糖化させたもの（糀甘酒）で漬けた郷土料理。

ぬか漬けや梅干が、その家庭によって作り方が違うように、かぶら寿しにも、こちらの地方ではそれぞれの家庭にレシピがあるようで、北陸のお宿に行くたび、さまざまなかぶら寿しをいただいてきました。けれどなかなか私好みのものに出会えなかったのですが、〈ヨネダ〉さんのかぶら寿しを食べてビックリしました。「本当にかぶら寿しなの？」と思うほど上品なよそゆきのお味。蕪も魚も厚切りなのに、味がバラバラにならずに、麹の旨さに包まれて見事に一体になっています。契約農家で作られた、白蕪のみずみずしさと、そこにガツンと挟まった脂ののった魚からしみ出ている旨味が食欲をそそります。

そして特筆すべきは、使われている糀甘酒の質の高さではないでしょうか。さすが酒どころ・北陸ですね！　ほどよい甘さと熟成香で、辛口の日本酒がグイグイと進みます。

こちらのお店が珍しいのは、ぶりだけではなく、さばのかぶら寿しも作っていること。さばは酢で〆たものを使っているそうです。日本酒党ならば、両方お取り寄せして食べ比べてみてはいかがでしょう？

商品名
かぶら寿し 福丸ぶり入り かぶら寿し さば入り
容量
ともに1.2kg
価格
ともに5460円
販売期間
11月上旬～1月中旬

かぶら寿しの他に、大根寿し、ぶりかま、キングサーモンにべったら漬など、多くの富山の味覚を扱う。

ヨネダ
富山県南砺市小林92-7
TEL　0763-52-8123
FAX　0763-52-7711
URL　http://www.kabu-yoneda.co.jp

休●日曜（12月は無休）
取寄せ方法●電話、FAX、郵送
注文から商品到着までの期間●1週間以内
支払い方法●銀行振込、郵便振替、代金引換

見た目はほとんど変わらないが、
ぶりとさばで食感や風味は
大きく変わる。
あなたのお好みはどちら?

生のなすを丸ごとかじる!? 夏の小国《おぐに》から届く、はじめての食感

八石なす&あさ漬け

まん丸くて、ころんとしたこのフォルム…とても他人とは思えません(笑)。

なすにもいろいろあるんですね。京都の水なすやきんちゃくなすにも似ています。なす独特のアクが少なく、と言うよりまったくない、と言っても良いほどで、生でもOK! これほど素の味が良いなすは食べたことがありませんでした。生のままかぶりつけば、シャクシャク気持ちのいい歯応え。それに、まるで梨を食べているかのようなみずみずしさ。

お料理するときも、ふつうのなすは油をすごく吸ってしまい、ベチャッとした食感になることがあるでしょう? でもこの八石なすは油をそんなに吸わないんですね。だから炒めものも失敗しません。オリーブオイルでグリルして、塩&こしょうだけでも充分美味しくて満足感がありました。

そうそう、皮ごと細めに切って、10ページで紹介しているバーニャカウダソースで食べてもGOODでした。

あさ漬けは、収穫したその日の朝、鮮度の良いうちに漬け込まれただけあって、その食感の良いこと。皮はハリがあって、歯がすべると「キュッキュッ」と音がします。身はしっかりとした肉感で、あっさり塩味。私はからしをつけて食べます。水なすといえば関西のものだと思っていましたが、新潟にこんな強敵がいるとは……参りました。

漬け物用に品種改良されたというが、皮が柔らかく錆っぽさがないのでどんな調理法にも合う。

追い求めるのは「安全」と「旬」。原料の旨みを引き出すために、添加物を一切使わない製品のみを提供している。

八石ヘルシーフード生産組合
新潟県長岡市小国町小国沢2442-1

TEL　0258-95-3010
FAX　0258-95-3015
URL　無

休●日曜、祝日
取寄せ方法●電話、FAX
注文から商品到着までの期間●1週間以内
支払い方法●郵便振替、代金引換

商品名
八石《はちこく》なす
八石《はちこく》なすのもぎたてあさ漬け

容量
八石なす　約2kg
もぎたてあさ漬け　300g×5袋

価格
八石なす　2100円
もぎたてあさ漬け　3200円
(税・送料込)

販売期間
7月20日〜9月20日頃

丸くころんとした形がなんとも愛らしい。
泉州なすなどと同じ水なすの品種。
別名黒十全《くろじゅうぜん》。

プリプリした鱧《はも》と一緒に届けてくれる伏兵の存在も憎らしいほどに美味

はもすきセット

鱧の上品なだしと旬の玉ねぎの甘みが溶け合う。

関西出身とはいえ、二十歳そこそこで上京してきた私なのであまり通ぶった発言はできないのですけれども、鱧はやはり、関西の夏の風物詩ですよね。東京に住んでからは美味しい鱧に出会えずにその味を忘れていた時期もありました。でも、沼島へロケに行ったときにいただいた「鱧すき」は衝撃の美味しさでした。関西にいた頃さえこんな美味しい「鱧すき」を食べたことはなく、さらにそれをお取り寄せできるなんて！　と思わず小躍りしたのです。

夏の京都で鱧を楽しんだことのある方も多いかと思いますが、一流店ではほとんど、淡路産が用いられているそうです。一人前2万円くらいする「鱧ちり」と同じ味が、産地直送されてこのお値段で楽しめると考えれば、非常に価値あるお取り寄せだといえるのではないでしょうか。

そして特筆すべきは、同送されてくる玉ねぎの美味しさ。まずはこの玉ねぎをたっぷりとお鍋に放り込んで、スープとともにグツグツ煮立てます。そこに鱧の身を入れてスープとともに食しましょう。

本場淡路で同じ時期に旬を迎えた食材同士、これはもう神様の思し召しと呼べるほどの好相性。スーパーで買った玉ねぎを入れても同じ味にはなりません。他の具材は控えめにして、素材の素晴らしさを味わってみてください。鱧の骨切りもしっかり処理しているのでご安心を。

木村屋旅館

兵庫県南あわじ市沼島899

TEL　0799-57-0010

FAX　0799-57-0800

URL　http://www.nushima-kimuraya.com/

休●無　**取寄せ方法**●電話、FAX

注文から商品到着までの期間●ご希望のお届け日をご指定ください（希望にそえない場合もあり）

支払い方法●銀行振込、代金引換

兵庫県の最南端に位置する小島にある唯一の旅館。旨い海の幸を味わうには絶好の場所。

商品名

鱧すきセット

容量

1人前（鱧切り身　12カン、鱧アラ、内臓、鱧タマゴ、液体だし、淡路産玉ねぎ）

価格

5000円

販売期間

5月20日～8月末

追だしから玉ねぎまで入っている
シンプルながらも至れり尽くせりのセット。

おもてなし上手のお宿が丹念に育てた香りが華やぐ不思議なお米

壁湯 福米

炊いているときも
洗練されたお米の香りが漂ってくる。

大分県に壁湯温泉という、とても素敵な温泉があります。そちらの〈福元屋〉さんというお宿を訪れたときに、このお米とはじめて出会いました。

獲れたてのお野菜を生かした、シンプルながらも心のこもった美味しいお料理の数々でしたが、一際感動したのがこのお米だったのです。香りのあるお米と言えば、タイ米のジャスミンライスを想像する方もいるかと思いますが、あれともまた違った香り。他では味わえない、〈福元屋〉さん伝承のお米なのだとか。でも、香り米100パーセントではなく、「ひとめぼれ」と混ぜて作付けされたもの。なんでも、香り米の稲の背が高いので、ひとめぼれに支えてもらうようにして育てるということです。

ただ、ブレンドとはいえ、香りの強さは驚くほど。炊き上がったときに湯気とともに立ち上る芳しさには、新鮮味を覚えました。夕食の〆に出されるごはんって、お腹一杯で残してしまうことが多いでしょう？　でもこれは「絶対に塩むすびにして、後から食べよう！」と思うほど。一粒も残したくない！

本来、お宿のお客様に出すために作っていたので、一切出回らなかったのですが、今回、頼みに頼み倒して限定で出してもらうことができました。何しろ作付け量の少ない希少なお米なので、もしも手に入らなくても、どうか怒らずにまた来年挑戦してみてくださいね。

先祖代々守られてきた温泉を営んでおり、自然の中にあってのんびりできる宿。

旅館 福元屋
大分県玖珠郡九重町大字町田62-1
TEL　0973-78-8754
FAX　0973-78-9220
URL　http://www.kabeyu.jp/

休●無
取寄せ方法●電話、FAX
注文から商品到着までの期間●約1週間
支払い方法●郵便振替

商品名
福元屋 特別製米 壁湯 福米
容量
3kg
価格
2100円
販売期間
10月15日～11月15日

宿泊者のみ食べられる米を、
本書のためにのみ
限定（30袋）販売してくれる。

みやこのオリジナルレシピ

まいたけのステーキソース

お客さまに、「あれ？　このソースって何でできているの？」とちょっとびっくりされます。

ペースト状にするので一見何かわからないのです。でも、まいたけの香りはより膨らむ感じ。

前回の本で秋田県・白神山地のまいたけをご紹介しましたが、
あれで作ればその香りも風味も倍増。

我が家では、豚ロースをシンプルにソテーして、このソースでいただくことが多いです。

鶏肉にも合いますよ。レストランっぽい雰囲気を楽しみたいときにどうぞ。

●作り方

❶まいたけを手で適当な大きさに割り、タマネギ・にんにく・マルサラワイン・醤油・水とともに、なめらかになるまでフードプロセッサーにかける。

❷❶を鍋に入れて弱火にかける。一煮たちしたら塩・こしょうで味を整えて火を止める。仕上げにバルサミコを加える。

●材料（作りやすい量）

まいたけ……1パック分
にんにく……½個
タマネギ……¼個
マルサラワイン……100cc
水……100cc
お醤油（P60のお醤油だと最高！）……大さじ1
バルサミコ……大さじ1

POINT

にんにくの量はお好みで加減してください。マルサラワインがないときは、赤ワインでもOKです。でも、酸味の強いワインだと仕上がりも酸っぱくなるのでご注意を。

たった一味で、
まるで
プロの味に
変身!

キッチンに迎え入れたい
調味料のお取り寄せ

あらゆるものをお取り寄せしている私ですが、
一番リピート率の高いお取り寄せは、実は調味料。
ここ数年で我が家のキッチンに入団した
頼もしくて美味しいメンバーをご紹介します。

ただ辛いだけじゃない、奥行きのある刺激。
無農薬・国産の本格ハバネロを発見！

メローハバネロ●Mellow Habanero

前回の本に引き続き何度も書いてしまいますが、辛い系の調味料には目がありません。今回その枠としてご紹介したいのが、ラオガンマー（58ページ）とこちらのハバネロ君なのです。

ここ数年、スナック菓子の名前としても浸透しつつあるハバネロとは唐辛子の品種名。南米が原産で、オレンジ色に熟した実は世界一辛いといわれています。ギネスブックにも載っている、キング・オブ・唐辛子なのです。

そして、この実で作られた調味料も、同じくハバネロ（スペイン語圏ではアバネロ）と呼ばれ、その辛さはタバスコの10倍、ハラペーニョの80倍（！）あるらしく、まるでラテン系のやんちゃな男の子のようなイメージですよね。それがなんと日本国内、しかも丹波篠山という静かな山の中で栽培されていて、その農園の方が手塩にかけてこの調味料を作っているというのだから、試さないわけにはいきません。

そして一振り試したときから、本当に国産？　と思うほどの本格的なラテンの味わいに悩殺されたのです。

辛さの中にある複雑な深味とコク。それを包みこむような、フルーティーな風味。オイル系パスタにはもちろん、お醤油と混ぜてステーキソースにしたり、レモンとお塩とハーブにタコのぶつ切りを入れてマリネ風にしてみたり。和洋問わず、肉料理も魚料理も引き受けてくれる頼もしさに惚れています。

市販のタコスに炒めた玉ねぎとひき肉、トマトのスライスにハバネロをかければ本場メキシコの味に。

丹波篠山の澄んだ空気の中、無農薬十無化学肥料にこだわって「ハバネロ」を育てている。

ターンム ファーム
兵庫県篠山市八上内515
TEL　079-552-7607
FAX　079-552-7607
URL　http://ta-nm.jp

休●無休
取寄せ方法●インターネット、電話、FAX
注文から商品到着までの期間●入金確認後すぐ発送
支払い方法●銀行振込、ぱるる振込

商品名
Mellow Habanero
Mellow Habanero Extra

容量
Mellow Habanero 55ml・120ml
Mellow Habanero Extra 55ml・120ml

価格
Mellow Habanero
55ml　450円・120ml　800円
Mellow Habanero Extra
55ml　530円・120ml　950円

販売期間
無期限

Extraは、ノーマルの3倍のハバネロが！
フルーティーな風味の秘密は、
マンゴーが入っているから。

絶品魚介パスタを秋田伝統の調味料で作る

しょっつるハタハタ100%

古代ローマ時代のパスタには、魚醤を使っていたという説があるそうです。それを知ったときは驚きましたが、考えてみればアンチョビと魚醤は、どらも魚を発酵させて作った兄弟みたいなもの……そんなことを思っている時に、映画『グランブルー』を観て、「ジャン・レノが食べているようなパスタを作りたい」という衝動に駆られた私。日本の魚醤の代表格といえば秋田のしょっつるだ！　というわけで、パスタにも合う美味しいしょっつる探しを密かに続けておりました。そして数年かけてやっと出会えたのがこれなんです。

しょっつるは、秋田名産のハタハタに食塩を混ぜて発酵させたものですが、近年ハタハタが希少な魚となったため鰯などで作るのが一般的になりました。でも、こちらの商品はその名の通り、ハタハタ１００％。お塩は、赤穂の天塩しか使っていないというこだわりぶりです。

魚醤というと、生臭くてくどいというイメージをお持ちの方もいるかもしれませんが、こちらは、とてもさっぱりとした魚の旨味が感じられ、追い求めていた魚介パスタの味を極めることができました。もちろんオーソドックスにしょっつる鍋にしたり、魚系の汁物に少し垂らしても、ぐっと深みのあるお味に。お魚や貝のホイル焼きに、昆布やお酒と混ぜてちょっと垂らしてもいいし、想像以上に重宝すると思います。

アンチョビの兄弟だと思えば、
イタリアンに合わないわけがない。

三代目・諸井秀樹氏が試行錯誤を繰り返し、秋田伝統の味「しょっつる」を再現した。

諸井醸造所
秋田県男鹿市船川港船川字化世沢176
TEL　0185-24-3597
FAX　0185-23-3161
URL　http://www6.ocn.ne.jp/~shotturu/

休●日曜、祝日、第2・第4土曜
取寄せ方法●インターネット、電話、FAX
注文から商品到着までの期間●1週間程度
支払い方法●銀行振込、代金引換

商品名	秋田しょっつるハタハタ100%
容量	130g
価格	735円
販売期間	通年

濃厚な魚の旨みと塩気。
秋田が守り続けた伝統の味は、
今となっては大変貴重なもの。

原料の風味を豊かに残す
長期醸造されたこだわりのお酢

富有柿酢

痩せる、体にいい、ということで昨今大注目のお酢。前回の本では京都の富士酢を取り上げましたが、今回ご紹介したいのは、余計なものを一切加えず、福岡特産の富有柿だけで作られた柿のお酢なのです。

　お酢というのは、製造法によって醸造酢と合成酢に分類されます。さらに醸造酢は原料により穀物酢と果実酢に分けられ、果実酢はその風味が溶け出して、個性となります。この柿酢も、柿の甘さとコクが感じられますが、でも渋味はなく、果実酢にしては、お料理にも使いやすい味ではないでしょうか。

　柿は二日酔いに効くといいますよね。とすると、その成分が凝縮されたこのお酢も効かないわけがなく、お酒のつまみにこれで酢の物を作れば悪酔い防止になる、と試してみたのがきっかけなんです。それが思いのほか美味しくて、すっかり我が家の常備品となりました。

　最初は二杯酢を作っていましたが、今では、ワカメやキュウリに柿酢だけをかけ、箸休めとして食卓に出しています。塩分を加えなくとも充分に美味しく、口の中が爽やかになりますよ。小龍包も、生姜の千切りと柿酢だけで食べたら、なかなかのヒットでした。

　酸っぱいと思われるかもしれませんが、ぜひ試してみてください。酸味が苦手なうちの夫も、どんどん箸が進むほどの、まろやかな味わいですから。

お水で割るのはもちろん、好みの飲み物に入れて、健康ドリンクとしても。

いの子屋東京
東京都荒川区東日暮里2-46-13
TEL　03-3807-5188
FAX　03-3807-5180
URL　無

休●日曜、祝日
取寄せ方法●電話、FAX
注文から商品到着までの期間●中2日
支払い方法●銀行振込、郵便振替

お酢だけでなく、「無添加天然だし（かつお・こんぶ・いりこ）」や「オリーブ茶」といった商品も人気が高い。

商品名
富有柿酢　玄麦玄米酢
ふじりんご酢　米酢

容量
各500ml

価格
富有柿酢と玄麦・玄米酢　1260円
ふじりんご酢　1050円
米酢　840円

販売期間
通年

福岡県産の
低農薬の富有柿だけを使い、
10ヵ月の長期醸造をしている柿酢。
〈いの子屋〉では
他にも様々なお酢を扱っている。

やっと出会えた！探し続けた飛騨高山の天然味噌

赤味噌

15年くらい前でしょうか、ある人から「飛騨高山で一番美味しいお味噌ですよ」とお味噌をいただいた事があるんです。それが本当に美味しかった。でも、包装紙も何もなくて、どこのお味噌かわからず仕舞いに。

その味が忘れられず、飛騨高山に出かける度に「これかしら？」といろんなお味噌を買ってきては試していたのです。

とはいえ、飛騨高山は、お味噌の名産地。実にたくさんのお味噌屋さんがあり、見つけ出すのは至難の業。舌の記憶もどんどん曖昧になり、諦めかけていたときに、別の知人が「飛騨高山なら、〈大のや〉さんのお味噌がいいよ」と教えてくれました。さっそく試してみると、「やっと出会えた！」という懐かしさと感動がありました。

本当に同じものかどうか確証はないのですが、自信を持っておすすめできる美味しいお味噌がこれ。〈大のや〉さんはいろんなお味噌を扱っていますが、私は、豆味噌といわれる赤味噌がお気に入りです。長期熟成だからこその奥深い味わいには、飛騨高山の歴史さえ感じます。

このお味噌に、宍道湖のしじみ（118ページ）を使ってしじみ汁にして、前回の本でご紹介した原了閣さんの黒七味や粉山椒を振った日には……マイ・ベスト・オブ・味噌汁。涙が出るほど嬉しい味です。一つ上をいく、お取り寄せ品のコラボ。皆さんもチャレンジしてみて。

どんな具材で味噌汁を作っても、まろやかに仕上がる。

大のや醸造
岐阜県高山市上三之町13
TEL　0577-32-0480
FAX　0577-36-1558
URL　http://www.ohnoya-takeda.co.jp

休●無　取寄せ方法
●インターネット、電話、FAX
注文から商品到着までの期間●3〜4日
支払い方法●代金引換

江戸時代より飛騨高山において代々麹屋を業としており、50年ほど前より味噌とたまりの製造も手掛けるようになった。

商品名	赤味噌
容量	1kg
価格	1050円
販売期間	通年

深みのある辛口で、
独特の風味が感じられる赤味噌。
一舐めするだけで
その奥深さに脱帽。

しびれる辛さと深いコクが中国の秘境、貴州産の調味料に宿る

老《ラオ》干《ガン》媽《マー》

豆板醤でもない、ラー油でもない……山椒がピリリと効いた、とってもチャイナな香りがいっぱいのこの調味料。発見したときはあまりの値段の安さに、実はそれほどの期待はしていませんでした。だけど、一度試して以来、私はもうこの辛味の虜になってしまったのです。

本国ではとてもポピュラーな調味料のようで、上海に行ったときにはコンビニで発見したほど。ラー油系ではあるのですが、それを超えた、なんとも複雑な味わいなのです。瓶の蓋を開けて(中蓋がないので、勢いよく回さないように注意しましょう)中を覗いてみてください。大きめに切られた鶏肉がごろごろっと入っています。むしろ液体の部分が少ないのです。

ラオガンマーには、トウチ(黒豆)風味や豚風味など、いくつかの種類がありますが、私はいつもこの鶏風味を買っています。鶏そのものの旨みが生きていて、即席ラーメンでも、これを一匙入れるだけで魔法のように味が変わります。炒め物にはもちろんのこと、餃子にはつけダレとして使えたりと、一番使い勝手が良い気がするのです。

前回の本でご紹介した、同じく中華街発の「鶏と豚のスープの素」とこれがあれば、本格上海麺のスープができるかも。夏場には、冷や麦やそうめんなど、食べている途中で飽きてきたときにつゆに一匙入れるのがおすすめです。

一口サイズのうずらピータンが店のイチ押し。紹興酒にぴったり。

商品名
老干媽　風味辣子鶏 うずらピータン
容量
老干媽　300g うずらピータン　12個
価格
老干媽　351円 うずらピータン　420円
販売期間
通年

横浜中華街　耀盛號《ようせいごう》「李さんの厨房」

神奈川県横浜市中区山下町160

TEL　0120-454-557

FAX　0120-787-806

URL　http://www.rakuten.co.jp/yoseigo/
http://www.lee3.jp

休●土曜、日曜、祝日　**取寄せ方法**●インターネット、電話、FAX

注文から商品到着までの期間●1週間程度

支払い方法●カード決済、銀行振込、郵便振替、代金引換

日本では入手困難な中華食材や点心など、約300点を取り扱う。

300グラム入って、一瓶400円足らず。
この値段で、どの料理も
本格的な中国料理に
変身するのだからすごい！

材料・時間・製法と、それぞれにこだわり抜いた小豆島の丸みある味わい

超特選醤油「四代目 藤井松吉 作」

濃い口だが、刺々しさはない。真っ当すぎる、すごい味。

まずはこのビジュアルにそそられますよね？　重厚な雰囲気のガラス瓶。そして四代目・藤井松吉さんという、渋い書体で書かれたお名前。初めて見たときは、焼酎かと思いました。

原料の大豆は、国内の大豆の中では高たんぱくの九州産「フクユタカ」、小麦は香川県産「ダイチノミノリ」を使用し、天日製塩とともに杉の三十石桶に仕込むなどして二年の歳月をかけて熟成させているとのこと。確かに、それだけの原料と時間に伝統の製法が加わればこのお味を出せるのにも納得がいきます。

そんなふうに、丁寧に作られたお醤油でなければ、こんな立派な瓶に入れるはずがありません。お味は、かなりマイルドで、色もわりと明るめ。指につけて味見をしてみても、舌に刺すような辛さはありません。お醤油の名産地といえば、千葉や和歌山などもありますが、私はこの小豆島産の、押しが強くもなく、媚びてもいない、丸みのある味がなんとも好きです。

東京のお醤油とはだいぶ違った味ですが、この甘みは、東日本の人にも受け入れられる味だと思います。和歌山や千葉のお醤油がB型だとしたら、このお醤油はO型でしょうか。人に合わせるのがうまく、寛大さがあるという感じ(笑)。

お刺身や冷奴はもちろん、だしの味を生かしたい煮物やおでんにもどうぞ。味にうるさい人への贈り物にもいいですね。

協栄岡野
香川県小豆郡土庄町馬越甲1102
TEL　0120-75-6570 (0879-62-6570)
FAX　0879-62-5195
URL　無

休● 土曜、日曜、祝日
取寄せ方法● 電話、FAX
注文から商品到着までの期間● 7～10日
支払い方法● 代金引換

大正9年に初代藤井松吉氏が醤油づくりを始め、初代から伝わる伝統技術を頑なに守っている。

商品名
小豆島 超特選醤油
「四代目 藤井松吉 作」

容量
720ml

価格
2625円

販売期間
2007年中(その後、要確認)

杉の樽の中でじっくりと寝かせた。
醤油がゆっくりと呼吸しながら発酵、
熟成を重ねていく。

野菜そのままの味がする オーガニックなドレッシングあれこれ

有機ドレッシング

サラダにかけるだけでなく、料理によってはソースとして使うのもアリ。

私は普段、いわゆるドレッシングを買うことはほとんどありません。オリーブオイルとお酢と好みの調味料で、その都度作ってしまうからです。

だけど、このドレッシングに出会ったときはその考えを改めました。「これならストックしても良いかな」と思えたんですね。品揃えも、一風変わっていて心惹かれます。人参、玉ねぎ、ゆずみそ、チリ、にんにくドレッシングなどなど。しかも驚くべきことに、そのどれをとっても素材の味がちゃんとするのです。素晴らしい！

オーソドックスなドレッシング（他にクリームやオリーブオイル、紅花油ドレッシングがある）は、ビネガーの酸味もほどよくナチュラルなお味。それでいて、スパイスが効いているので、たくさんかけなくともしっかりとした味わいがあります。ドレッシングというよりも、野菜で作られたおしゃれなソース、といったほうが良いのかもしれません。こういったものを余らせがちな私には一瓶の容量が少なめなのも嬉しいですね。

中でも我が家では、玉ねぎ味を重宝しています。カルパッチョ用も別にあるのですが、この玉ねぎドレッシングも、タコのぶつ切りやお刺身にかけると白ワインと相性の良いおつまみに仕上がります。お肉のから揚げなどに、これを温めてかけても、甘酢風にさっぱりといただけると思いますよ。

有機認定の自社工場で、毎日丁寧にドレッシングが作られる。

おふく楼
新潟県糸魚川市大字能生1570-1
TEL　025-566-2003
FAX　025-566-5129
URL　http://www.shioji.co.jp

休●無
取寄せ方法●電話、FAX
注文から商品到着までの期間●約1週間
支払い方法●銀行振込、郵便振替、代引交換

商品名
95%野菜でつくったドレッシング 各種
オーガニッククリームドレッシング 各種

容量
ともに130g

価格
ともに504円

販売期間
通年

この他にも
オリーブオイルドレッシングや
紅花油ドレッシングなど、
実に多種多様なラインナップ。

香りも刺激も一級品。有馬の温泉街の老舗が炊いた実山椒

山椒

有馬温泉に遊びに行ったときのことです。商店街を散策していたら、あるお店の前を通ったときにとても良い香りが鼻腔をくすぐりました。いつまでも吸い込んでいたいような魔力を持った、芳しく美味しい匂い……その正体がこれ、実山椒でした。

そう、ちりめん山椒に入っているあの丸い実です。

〈大黒屋〉さんは、有馬名物の松茸昆布を始めとする佃煮の名店で、大釜でとった利尻昆布のだしでこの実山椒を炊いているのだそう。実にあっさりで、お砂糖を使っていない、私好みのシンプルな味付けです。柔らかすぎず、山椒のフレッシュな感じが残っています。噛みくだいた後、しばらくのあいだ舌がビリビリと刺激されるのですが、これが実山椒の醍醐味でしょう。

そしてこのお店の素晴らしいところは、実山椒を炊いたそのお醤油もおすそ分けしてくれること。昆布の旨味と山椒の残り香をさりげなく纏ったお醤油になっていて、こちらも関西らしく薄味。ただし、作っている数は少ないのでご注意を。

このお醤油で牛肉を煮て、さやいんげんやみょうがをあしらい、上から実山椒をトッピングした「牛肉寿し」は、とっておきのおもてなし料理になるとお店の人に教えてもらいました。

どのお料理も香り良くピリッと引き締めてくれる実山椒。小粒のくせに、なんともニクイ奴なんですよ。

実山椒醤油は、実山椒を100g以上購入した人におすそ分けしてくれるが、品切れの場合にはご容赦を。

大黒屋《だいこくや》

兵庫県神戸市北区有馬町1201

TEL　078-904-0200

FAX　078-904-4022

URL　無

休●不定

取寄せ方法●電話、FAX

注文から商品到着までの期間●2〜3日

支払い方法●銀行振込、郵便振替

有馬温泉の金の湯が斜め向かいにある場所で、明治元年以前より営業している。

商品名	実山椒 佃煮
容量	50g、100g
価格	50g　900円、100g　1800円
販売期間	通年

8～9分に実ったものを摘んでいるので、
柔らかく辛みの強い山椒となっている。

国産の落花生で作られた体に優しい甘さ 料理のレパートリーが広がります

ピーナッツペースト

昔、アメリカ映画の1シーンで、男の子がお弁当にピーナッツペーストをたっぷりはさんだサンドイッチを美味しそうに頬張るのを見たことがあります。「ピーナッツペーストってそんなに美味しいんだ」と思った私は、さっそく試してみました。けれど、「どうしてこれが？・？・？」と感じ、それ以来疎遠になっていたのです。

だけどこれに出会って、指で一口ぺろりと舐めたときから、その価値観ががらりと変わりました。脂っこくて甘ったるい、ザ・アメリカンなイメージだったピーナッツペーストは、私の中で和のイメージに。

市販されているピーナッツペーストはたいてい、香料をはじめとして植物性油脂やマーガリンに保存料など、いろいろなものが加えられているようなのですが、こちらのピーナッツペースト「無糖」は落花生100パーセントで混ぜ物なし！　落花生は、特産の千葉県で作られたものです。「加糖」の方は、植物性油脂と沖縄産の黒糖。だけどどちらも充分にクリーミー。後味にも、添加物の感じはまったくなく、ピーナッツの香ばしい余韻が広がります。

無糖の方は、冷蔵庫にストックしておくとあらゆるお料理にとても重宝しますよ。もう我が家に欠かせない一員です。ほうれん草の胡麻和え風や、しゃぶしゃぶのときに胡麻ダレと合わせて使っても、ちょっぴり風味が変わって楽しめると思います。

まるで味噌のような濃厚さだが、しつこくない。

商品名	ピーナッツペースト 無糖&黒糖
容量	ともに230g
価格	ともに1050円
販売期間	通年

遊工房

東京都文京区湯島1-2-12-1103

TEL　03-3251-2718(03-5812-8015)

FAX　03-5812-8017

URL　http://www.yu-kobo.jp/

休●日曜、祝日
取寄せ方法●電話、FAX
注文から商品到着までの期間●約1週間
支払い方法●郵便振替

主宰・久城紀美子氏が中心となり、一つひとつ手作りするため数に限りがある。

落花生は、牛乳や卵をはるかにしのぐ
たんぱく質、さらにビタミンB2や
ビタミンEを豊富に含む。

みやこのオリジナルレシピ

レモンマリネソース

大好きなレモンを、イタリアンなソースにしてみました。レモンは皮ごと使うのがポイントです。

ですから、お高いけれど国産無農薬のものを買ってください。

爽やかさとフレッシュ感が暑い季節にピッタリです。

そしてこのソースの味の決め手はしょっつる!

タコブツや生ホタテをマリネにすれば、その旨味をしっかりと包み込んでくれます。

ピンクペッパーもできればホールのものを刻んでほしいです。

POINT

オリーブオイルも、ちょっと良いのを使ってください。ハーブを香菜にアレンジすると、いきなりエスニック度が増します。さらにアレンジすれば、本格冷製パスタにも変身!（レシピは、ブックマン社HP www.bookman.co.jpにて公開予定）

●材料（作りやすい量）

レモン（必ず無農薬のものを!）…………大1個
しょっつる（P52）………………………………大さじ1
エキストラヴァージンオリーブオイル……大さじ3
イタリアンパセリ&ディル
　……………それぞれ適量（適当に刻んでおく）
ピンクペッパー………適量（適当に刻んでおく）

●作り方

❶レモンは皮をよく洗い、すりおろす。その後、しっかりと果汁を絞っておく。
❷❶に、しょっつる、オリーブオイル、ハーブを入れてよくかき混ぜる。
❸食べる直前にピンクペッパーを入れる。

だって
美味しいから、
冷蔵庫の
レギュラー
決定!

デイリーで食べたい

お手ごろお取り寄せ

おかずが一品足りないときや、ちょっと何か食べたいとき
「あ、そういえばアレがあったじゃない!」と
ささやかな喜びをもたらしてくれるような、
日常づかいの、お手ごろ価格のお取り寄せです。

丁寧に作られたバターと蜂蜜の幸福なマリアージュ

アカシア蜂蜜バター

この蜂蜜バターは、私のマネージャー(20代女子)の大好物。彼女は毎朝、焼きたてのトーストにこれを塗り、出社前に幸福なひとときを感じているのだとか。その気持ち、私も一口食べたときに理解しました。子どもの頃に、はじめてトーストにバターを塗ってお砂糖を振りかけたときのあの感動……。「世の中にこんなに美味しいものがあったんだー」と叫びたくなった、あの記憶が蘇ります。

もちろん、上質な素材で作られていますから、昔食べていたものとは比べ物にならないグレードですが。アカシア蜂蜜のほのかな風味とバターのクリーミーさが相まって、これ以上の相性はありません、というくらいのコンビネーションなのです。まさに、ギャルが悩殺される味(笑)。焼きたてのトーストに塗った瞬間、黄金色に輝くさまは、なんと食欲をそそられることでしょう。

これならば、ふだんは朝ごはんをあまり食べないお子さんでも、絶対にペロリと平らげてしまうはず。

ブルーベリーコンポートはというと、果物の食感がしっかりと残ったフレッシュな仕上がりです。シロップまで飲めてしまうほど、爽やかな甘さなので、こちらもヨーグルトと一緒に朝食でいただきたいですね。ブルーベリーは目に効くといいますから、家族みんなで食べたい逸品。セットで手土産にしても、きっと喜ばれますよ。

フレッシュ感が際立つブルーベリーコンポートは、ヨーグルトのお供に。

信州自然村　(有)山葵村栃ヶ洞農場
長野県上伊那郡南箕輪村12番地

TEL　0265-73-5748
FAX　0265-76-6388
URL　http://www.shizenmura.jp/

休●土曜、日曜、祝日
取寄せ方法●インターネット、電話、FAX
注文から商品到着までの期間●最長で7日
支払い方法●代金引換

「医食同源」「食は人をつくり人をほろぼす」という理念で安全、安心、美味しい食品を提供している。

商品名	自然が育てたアカシア蜂蜜無塩バター ブルーベリーコンポート
容量	アカシア蜂蜜バター　150g ブルーベリーコンポート　450g
価格	アカシア蜂蜜バター　525円 ブルーベリーコンポート　1260円
販売期間	通年

しつこすぎず、甘すぎず。
この自然な甘さは、
良い素材で丁寧に作られたからこそ。

どこかノスタルジックな味わい
ボリュームたっぷりの野菜まんじゅう

茄子味噌まんじゅう

おまんじゅうというと、やはりお肉の餡が入った中華まんが一番人気だと思います。でも、あれは結構カロリーが高いのよねえとお悩みの方、朗報です！食べ応え充分で美味しいおまんじゅうを発見しました。

見た目は地味ですが、実は一つひとつ、驚くほどのこだわりがあります。使われている材料は有機・無農薬のものがほとんどで、お水は不純物を取り除いた井戸水。こちらの〈加藤農園〉さんは、発芽玄米のパイオニアで、マクロビオティック活動を推進していると聞けば、そのこだわりも頷けますよね。

商品名からは、信州名物のおやきをイメージされるかもしれませんが、どちらかといえば中華まん系。大豆のグルテンを生地に混ぜ込み、独特のモチモチ感を出しているのだとか。この生地に、野菜の甘みが際立つナチュラルな味わいの餡がとてもマッチしているのです。かなり大き目で腹持ちも良いので、女性の方ならば、これ1個でランチ代わりにもなるはずです。

また、こちらの嬉しいところは、かぼちゃやきゃべつ、トマトによもぎなど、餡の種類が豊富なことでしょう。私は、この茄子味噌のどこか懐かしい素朴な味わいが一番のお気に入りなので今回はこれを紹介しましたが、いろいろ試してみてください。どれも辛すぎず甘すぎず、作り手の優しい思いが伝わってくると思います。

クセになるようなもっちりした皮が、味噌味の餡をしっかりと包み込む。

加藤農園
東京都練馬区西大泉2-14-4
TEL　03-3925-8731
FAX　03-3925-8737
URL　http://www.hatuga.com/

休●土曜、日曜
取寄せ方法●インターネット、電話、FAX
注文から商品到着までの期間●毎週水曜に発送
支払い方法●郵便振替、代金引換

発芽玄米を中心とした商品構成で、すべて手作りの商品を販売する。

商品名	茄子味噌まんじゅう
容量	1個
価格	346円
販売期間	通年

茄子味噌のほか、大根、きゃべつ、
よもぎなど種類はたくさん。
小豆といった甘めのものも。

旨い豆腐は数あれど、大豆の甘みを堪能したいならここ

ざる豆腐&生ゆば

どれも美味しいのでたくさん取り上げちゃいましたが、その中でもメインはざる豆腐とゆばなのです。

まず言っておきたいのは、この二つはすごくすごくクリーミーだということ。ざる豆腐は、豆の甘みと風味に濃厚さと上品さが同居し、豆腐の新たな魅力に感動です！　柔らかいのに崩れにくいことにもビックリしてしまいました。塩と本わさびだけでいただくと、その甘さが口の中でより広がり、素材の良さが分かります。

生ゆばは、さらに豆の甘さが際立つ逸品。薄い膜が幾層も重なった食感が噛んでいて心地良く、奥深さを演出してくれるんですね。一流の料亭で出てくるようなゆばが我が家で味わえるなんて、贅沢の一言に尽きます。

他にも魅力的な商品が目白押しです。伊豆の白雪は、ふわふわの寄せ豆腐の上に高濃度の豆乳をたっぷりかけたもの。

白雪を口に運ぶと、まろやかかつ濃縮された豆乳の味がじんわりと伝わってきます。最初は何もつけずに本来の味を、それでさびしく感じられたらわさび醤油をつけてみてください。

ひじきバーグはしっかりとした濃い目の味付けがGOOD！　歯応えもあり、枝豆とひじきがシャキシャキした食感を出してくれています。こちらは、かなり満足感があるのでダイエット中のメインディッシュとしてもいいかもしれませんね。

アイスセットの内容は、抹茶、プレーン、ごまが各2個。

商品名

天城花詩ざる豆腐
豆乳入り伊豆の白雪
極上おさしみ生ゆば
豆腐枝豆ひじきバーグ
豆腐アイス6個セット

容量

天城花詩　220g
伊豆の白雪　320g
生ゆば　100g
ひじきバーグ　110g×3枚
豆腐アイスセット　120ml×6個

価格

天城花詩　399円
伊豆の白雪　294円
生ゆば　735円
ひじきバーグ　550円
豆腐アイスセット　2100円

販売期間

通年

三坂屋食品
静岡県伊東市鎌田968-7
TEL　0557-37-3530
FAX　0557-37-0636
URL　http://www.misakaya.com

休●水曜、日曜
取寄せ方法●電話、FAX、インターネット
注文から商品到着までの期間●最長で1週間
支払い方法●銀行振込、郵便振替、代金引換

直営店102YAでは、ヘルシー、カジュアルをテーマに、三坂屋食品の豆腐、豆乳、湯葉を使った料理が食べられる。

右上から時計回りに、天城花詩ざる豆腐、豆乳入り伊豆の白雪、極上おさしみ生ゆば、豆腐枝豆ひじきバーグ。

そばでもなく、うどんでもない新境地に挑む麺

もちむぎ麺

「そばでもない！　うどんでもない！　もちむぎ麺」がキャッチフレーズ。「いったいどっちやねん!?」とツッコミを入れたくなりますが、見事にどちらでもないんです。

いろんな麺を食べてきた麺好きの人にとっても、かなり新鮮なのではないでしょうか？　太めで、歯応えのしっかりした麺です。ツルツルというよりも、ほんの少しひっかかりがありますが、これがまた心地よい食感を与えてくれます。付属のつゆもあっさりで、これだけでもなかなかのもの。噛んでいると、おそばに似ていますがどこか違うほのかな香りが漂ってきます。

個人的には濃いめの味付けが好きです。夏場にラオガンマー（58ページ）を使って冷やし担々つけ麺にしたら好評でした！　大根おろしやとろろを入れるなどして、自分好みの食べ方を探してみるのも楽しいですね。

冬は「モツ鍋」のあとのチャンポンの替わりや「テッチャン鍋」のあとのうどん替わりに使ってみるといいかも！　季節によってどんな食べ方にもマッチするし、日持ちもしますから、常備しておけば一年中重宝するはずです。パスタ風にしてもGOOD。

ちなみに、福崎町特産のもちむぎは、高タンパク・高ミネラルなだけでなく、コレステロールを低くする働きがあるために健康食品としても注目されています。腹持ちがよくて健康的、言うことなしですね！

一見するとそばだが、食べてみるとコシのあるうどんのよう。

もちむぎ麺のほかにも、もちむぎを使ったカステラや煎餅、米に混ぜて炊き上げる精麦を販売している。

もちむぎのやかた
兵庫県神崎郡福崎町西田原1022-4
TEL　0790-22-0569
FAX　0790-23-1533
URL　http://www.mochimugi.jp/

休●水曜
取寄せ方法●インターネット、電話、FAX、郵便
注文から商品到着までの期間●3～7日
支払い方法●郵便振替、代金引換

商品名	もちむぎ麺（乾麺）
容量	100×6束・麺つゆ×6袋
価格	1529円
販売期間	通年

福崎特産のもちむぎは、
高タンパクかつ高ミネラル。
その名の通りもちのような食感が
感じられる。

そのまま食べるだけじゃない！スープにしても一級品の名古屋コーチン

つけそば

13時間煮込まれたスープが、特注の中細麺を引き立てる。

最近では、ラーメンのお取り寄せも山ほど品揃えがあって、どのお店も工夫されているので選ぶのはなかなか難しいですよね。でも一つは取り上げたいなあと思い、今回は「つけ麺」部門ということで名古屋の〈Hioki〉さんのものをご紹介をすることにしました。

最近の東京におけるつけ麺事情はなぜか太麺がブームですが、こちらの麺は結構細め。特注の中細麺を使っているそうです。

調理する際には、茹で上がった麺を氷水でぎゅっと冷やし、短時間でよく揉んで麺のコシを引き出すのがコツです。ここを丁寧にするかしないかで麺の食感が全然違ってくるので、手を抜かないでくださいね。そこに、名古屋コーチンで取ったスープを熱々にしていただきます。キュキュッと締まった冷たい麺と熱々のスープのバランスがたまりません。よりスープの旨味が味わえるのは、やはり塩の方でしょうか？　また、付属のチャーシューもポイントが高いです。

汁なしそばの辛絡麺も、油そば系が好きな人にはストライクだと思います。まろやかな麺にピリ辛のタレが絡み合って、ちょっとエスニックな雰囲気もあり、特に若い方で、辛いもの好きには受ける味でしょう。

また、どちらも58ページでご紹介しているラオガンマーと大の仲良しなので、試してみて。お夜食にもぴったりの、元気になれるラーメンです。

商品名

名古屋コーチンの極上スープ
つけそば（つけ麺）4人前セット、
名古屋コーチンの旨み濃縮辛絡麺2人前

容量

つけそば　醤油スープ（200cc）2・
塩スープ（200cc）2・麺4玉・メンマ50g・
チャーシュー100g
辛絡麺　辛絡タレ3・麺3玉

価格

つけそば　2800円
辛絡麺　1000円

販売期間

通年

中華そば　Hioki
愛知県名古屋市東区東桜1-9-1
TEL　052-954-0505
FAX　052-954-0505
URL　http://www.rakuten.co.jp/hioki/

休●日曜
取寄せ方法●インターネット、FAX
注文から商品到着までの期間●約1週間
支払い方法●カード決済、銀行振込、代金引換

本店の炉焼・酒Hiokiは、知る人ぞ知る名古屋コーチンの居酒屋で、ベルギービールや日本酒、焼酎が飲める。

スープは名古屋らしく、かなりパンチのきいた味。お好みで調整しても良い。

美味しいお刺身を食べるなら、やはり、わさびも本物がいい

生わさび&わさび漬

本当に美味しいお刺身は、チューブに入ったわさびではなく、やはり生のわさびを自分でおろしていただきたいです。

けれど、生のわさびと一言で言っても、スーパーで買ったものはかなり風味が落ちていて、がっかりすることも多々あります。いろいろ食べるたびに、本当にピンきりなんだと実感する食材の一つだといえます。一本まるごと買ってきて、すりおろせば必ずや美味しいかといえば、そうではない。香りや舌触りが繊細であるだけに、素人目で選ぶのが、実に難しい食材なのかも。

そんな中で、わさびの本場、清冽な水を育む天城の農園から届くこちらのものは、爽快な香りといい、辛味の具合といい、今まで食べてきた中でも最高級の部類に入ります。ありとあらゆるものの冷凍保存を試みる私ですが、これだけは冷凍せずに数日で使い切るようにしています。わさびの香りは、鮮度がものを言いますものね。

そして面白いのは、このわさび漬セット。MYわさび漬が作れるなんてちょっと不思議な体験ではありませんか? わさびの茎のシャキシャキした歯応えと、酒粕の豊かな風味のバランスが良く、贈り物にしても珍しがられそう。

わさびを一本取り寄せても使いきれないという方、海苔茶漬けに添えてみたり、ステーキに添えてみたりすると、意外とあっという間に使えますよ。

ありそうでない、手作りわさび漬セット。混ぜるだけだが出来栄えはなかなかのもの。

たか惣　清流わさびの里
静岡県伊豆市筏場1014

TEL　0558-83-0135
FAX　0558-83-3304
URL　http://www.h3.dion.ne.jp/~t-katsu/index.htm

休●水曜
取寄せ方法●インターネット、電話、FAX
注文から商品到着までの期間●1週間以内
支払い方法●銀行振込、郵便振替、代金引換

伊豆半島の父、天城山の湧き水で育てられたわさびを出荷している。

商品名
生わさび、わさび漬
手作りわさび漬セット

容量
生わさび　30,45,70g
わさび漬　100,150g
手作りわさび漬セット
酒粕100g&生わさびと茎100g程度

価格
生わさび
30g・300円,45g・500円,70g・900円
わさび漬　100g・300円,150g・520円
手作りわさび漬セット　時価

販売期間
通年

「わさびは水が作るもの」といわれ、
環境が良いほど品質の高いわさびができる。

味にうるさい大阪人が並んで食べる噂の餃子をお取り寄せに

餃子

〈大阪王〉さんは、赤い看板に黄色の文字が目印の、関西に数店舗を構える、知る人ぞ知るちょっとディープなお店です。メニューは餃子とビールのみ！　この潔さがいいでしょ？　こちらは、平日のお昼でもオジさまの行列ができるほどの人気店。さっそく私も日が沈む前から列に並び、「餃子とビール！」にしちゃいました。

高級中華レストランで、お上品に出される餃子も美味しいですが、街の餃子屋さんの香ばしい味が、無性に恋しくなるときってありますよね？　それがお取り寄せできて、フライパンで焼くだけでいいなんて、もう買わずにはいられません！

前回の本でご紹介した〈三国亭〉さんの焼餃子もそうですが、私は断然、薄皮派。お饅頭みたいな厚皮の焼餃子はあまり食べません。〈大阪王〉さんの皮は、薄いのに弾力があって、もっちりとした食感が感じられます。そこからじんわりと出てくる肉と野菜の旨味。やや小ぶりであっさりしているので、ついついたくさん食べちゃいます。

ちなみに、ピリ辛味のタレも付いていますが、味がしっかりしているので何もつけなくてもいけちゃうかも。冷蔵便だと約3日間ですが、冷凍タイプなら1カ月の保存が可能なので、「疲れてごはんを作る気力がないけれど、スタミナをつけたい！」というときは、おうちで餃子とビールで乾杯しちゃいましょ。

冷蔵便・冷凍便の
2種類あるのも嬉しい。
どちらも皮のもっちり感は健在。

餃子専門店　大阪王
兵庫県伊丹市中央1-9-16

TEL　0727-73-0883
FAX　0727-73-0883
URL　http://osakaou.net

休●無
取寄せ方法●インターネット、電話、FAX
注文から商品到着までの期間●2〜3日
支払い方法●代金引換

美味しい餃子を追求し続けた、関西にお店を構える餃子専門店。

商品名
大阪王のこだわり餃子
容量
22g×72個
価格
2640円
販売期間
通年

パッケージの裏に
焼き方が丁寧に書かれているので、
誰でもパリっとした
焼き加減の餃子が作れるはず。

自信を持って勧めたい、伝統を守る自家製ベーコンの味

ベーコンスライス＆ブロック

スライス、ブロックともに健康的なピンク色。

数あるお取り寄せの中でも、読者の皆さんにどこのお店を紹介しようか、一番迷ってしまうのが、ベーコンとソーセージ。

私も今まで、各地方へ出かけたり、いただいたりして、実にたくさんの手作りベーコンとソーセージ類を食べてまいりました。そのたびに、日本には本当にたくさんの素晴らしいマイスターがいらっしゃるなあと感動しっぱなしでした。

香り、歯触り、ジューシーさ、塩加減、脂の入り方。美味しいと噂されているお店には、どこも譲れないこだわりがあって、甲乙付けがたいレベルです。それだけに、味の好みも人それぞれだと思います。というわけで、私は今回、「人工的ではなく、ナチュラルな美味しさ」という観点から、悩みに悩んだ結果、ベーコンはこちらの〈ぐるめくにひろ〉さんのものをご紹介させていただくことにしました。

今回、カリカリベーコンにしていろいろと食べ比べましたが、そのときに不思議なことを発見したのです。冷めたときにフライパンに残った脂が固まるものと、固まらないベーコンの2種類があるんですね。これも、余計なものが入っているかそうでないかの目安の一つになるかもしれませんよ。

こちらのベーコンの脂がどうなるかは……ぜひ試してみてくださいね。どこにも手を抜くことがなく、実直に作られたベーコンだと確信しています。

原材料は、生産者の人柄で納得できる、安全でおいしい肉を厳選している。

ぐるめくにひろ
東京都杉並区清水3-24-13
TEL　03-5936-0086
FAX　03-5936-0286
URL　http://www.goodham.com

休●木曜、日曜
取寄せ方法●インターネット、電話、FAX
注文から商品到着までの期間●5日営業日
支払い方法●初回は代金引換のみ、2回目以降は郵便振替

商品名	ベーコンスライス ベーコンブロック
容量	スライス　100g ブロック　300g
価格	スライス　630円 ブロック　1890円
販売期間	通年

添加物を一切使用していないため、
開封後は早めに食べるのがベスト。

優しさ溢れるジェントルソーセージは毎日安心して食べられる味

ソーセージセット

前のページでもお話しましたが、日本全国に山ほど美味しいお取り寄せのある、ソーセージとベーコン。その中で、今回私が選んだのは、「人工的ではない、ナチュラルな美味しさ」という観点からです。というわけで、こちらもベーコン同様悩みに悩んで、富良野にある〈けむり屋〉さんをご紹介することにしました。ここのソーセージは、最近流行りの皮がパリパリしているものではありませんが、毎日食べても飽きない優しい味です。

表面はプルプルして弾力があり、ゆっくりと咀嚼しながら、ナチュラルな肉の旨味を楽しんでいたいと思わせます。

北海道から取り寄せるほどの個性は無いんじゃない？　と思われる方は、市販されているものと食べ比べてみてください。無添加の美味しさがわかるはず。その理由の一つに、鮮度のいい豚の生肉から作っていることが挙げられます。市販されているソーセージは、冷凍された輸入肉から作られることがほとんどで、その場合、添加物を入れて作らざるを得ないそうなんです。油脂や香料も入ってしまう。そういったものと一線を画すには、作り手の真剣さと努力無しにはありえない。真面目すぎるソーセージですよ。

焼いても良し、茹でたものを美味しいコッペパンに挟んで、シンプルなホットドッグにしても良し。小さなお子さんのいるお母さんに紹介したいお味です。

保存料や着色料など、添加物は一切使用していない。豚肉は富良野産の生肉を使用。

商品名
けむり屋セットA
容量
ポークソーセージ（5本入り×2袋） フランクフルトソーセージ（3本入り×2袋） ホットソーセージ（5本入り×1袋） ホワイトソーセージ（3本入り×1袋） レバーソーセージ（3本入り×1袋）
価格
3150円
販売期間
通年（1月は全休）

けむり屋
北海道空知郡上富良野町沼崎農場1652-53
TEL　0167-45-9808
FAX　0167-45-9808
URL　http://city.hokkai.or.jp/~kemuriya/

休●火曜、水曜（祝日は営業）、1月は全休
取寄せ方法●インターネット、FAX、郵便
注文から商品到着までの期間●3日〜1週間
支払い方法●銀行振込、郵便振替、代金引換

店主が、子供たちに安心して食べられるソーセージを造りたいと思ったのが出発点。

セットAに含まれるソーセージは5種類。
このほかに、8種類のセットB、
7種類のセットCがある。

バターと卵を惜しまずに使った、下呂から届く本格派

ブリオッシュ

これは、岐阜は下呂温泉のホテルのレストランで出会いました。地元・南飛騨の清らかな水と卵で作られた、下呂温泉発の本格派ブリオッシュがお取り寄せできるんです。

ふつうのパンよりも、たくさんの量の卵とバターを入れて作られるのがブリオッシュ。冷凍で届くのですが、トースターで少し焼くと、バターの良い香りが部屋中に漂ってきて、まるで焼き立てのよう。なんとも幸せな心地になれますよ。中身はふわふわで輝くような色をしているので、食欲をそそられます。一口食べればしっとりと、パンとケーキの中間のような食感です。でも、甘くはないので、食事用のパンとしてもGOOD。シチューなどとの相性もぴったりです。噂が噂を呼んで、全国にファンがいらっしゃり、人気のときには1カ月待ちになるというのも頷ける気がします。

また、ぜひ一緒に取り寄せてほしいのが、ホテルメイドのカレーなんです。ホテルで食べるカレーって、独特の上品さと美味しさがあるでしょう? 料理長が丹精込めて作ったあのお味が、お取り寄せできるんです。飛騨けんとん、美濃けんとんというご当地豚肉を使用し、ルーは思いのほかスパイシーな仕上がり。子どもに食べさせるのはちょっともったいない、大人味のカレーです。岐阜の名産を使って、新しい味を生み出しているところがニクイですね。

辛口のルーが、肉と野菜の持つ旨みを引き立てている。

温泉街を見下ろす高台に位置し、温泉旅館とリゾートホテルが融合したようなホテルで、一流の味を作っている。

ホテルパストール
岐阜県下呂市森1781
TEL　0576-24-2000
FAX　0576-24-2500
URL　http://www.pastor.co.jp/

休●不定休　**取寄せ方法**●インターネット、電話、FAX
注文から商品到着までの期間
●ブリオッシュ　その都度確認、カレー　2〜5日
支払い方法●銀行振込、代金引換

商品名	ブリオッシュ　カルカッタカレー
容量	ブリオッシュ　約330g カレー　450g(2〜3人前)
価格	ブリオッシュ　950円 カレー　1050円
販売期間	ブリオッシュ 夏期(7〜9月)販売停止 カレー　通年

黄金色の生地は、
バターと卵がたっぷりの証拠。
コーヒーとともに朝食にしても。

清澄な山の空気で育つミルクの風味が生きた牧場チーズ

ウォッシュタイプ　山のチーズ＆森のチーズ

数年前の冬のこと。「しし座流星群」が地球に接近したとき、どうしても見たくて夜中に信州まで車を飛ばして行ったことがありました。そして山にたどり着いて今か今かと流星を待ち構える私たちに、地元の方々が、ご親切にワインとチーズを振る舞ってくれたのです。

真冬で凍えるような寒さでしたが、輝く夜空を眺めながらいただいたチーズの美味しかったことといったら！　それが輸入ものではなく、地元の〈清水牧場〉さんというところで作られた手作りチーズだと知ったときには驚きました。何種類かありますが、その中でも私のお気に入りはこのウォッシュタイプです。

お取り寄せして食べていると、こっくりとしたミルクの風味を味わいながら、ついついあの北アルプスの夜空に思いを馳せてしまいます。山のチーズの方は、それほどクセが強くないので、何切れでも食べちゃいそうです。赤ワインはもちろん、重めの白とも相性がいいんです。フライパンで焼いてとろりとさせたものを、バゲットや蒸かしたじゃがいもにのせてもいいですね。聞けば、清水さんというご夫婦が自ら育てている牛と羊のミルクから作っているとか。牧場から直接届くなんて、幸せ気分が倍増する一品ではないでしょうか。

季節によって、フレッシュタイプやハードタイプも作っているようなので、ぜひお好みの味を見つけてください。

プティニュアージュには、ミルクの甘い香りが漂う。

商品名

ウォッシュタイプ　山のチーズ
ウォッシュタイプ　森のチーズ
プティニュアージュ

容量

山のチーズ　1カット200～250g
森のチーズ　1ホール250～300g
プティニュアージュ　200g前後

価格

山のチーズ　1300～1600円
森のチーズ　1825～2475円
プティニュアージュ　600円

販売期間

通年

清水牧場　チーズ工房
長野県松本市奈川51

TEL　0263-79-2800
FAX　0263-79-2801
URL　無

休●火曜　**取寄せ方法**●電話、FAX、eメール（svarasa@avis.ne.jp）
注文から商品到着までの期間●シーズンによってはお待ちいただくことあり　**支払い方法**●代金引換

牧場で生まれた子牛を育てるところからチーズ作りが始まるため、出来上がるまでに長い年月を要する。

山のチーズは
そのまま食べてもコクがある。
森のチーズは
クセがつよく、赤ワインによく合う。

ノスタルジックな甘さと香りで心を落ち着かせてくれる飴

肉桂玉

これは以前、俳優の奥田瑛二さんが、『旅サラダ』にゲスト出演されたときに紹介してくださった飴なのです。皆さんは知っていましたか？　肉桂と書いて、ニッキと読むなんて。

　ニッキとは、クスノキ科の木の皮を乾燥させたもの。京都の生八つ橋を食べたときに、ほわんと香るシナモン系のあの香りです。そしてこちらの飴玉、黒肉桂と肉桂玉という名前。ちょっと新鮮なネーミングでしたが、見た目は、日本全国どこにでもあるような小ぶりで不ぞろいの、黒い飴玉と白い飴玉です。名前の通りニッキ飴なのですが、それも騒ぎ立てるほど珍しいわけではありません。それなのに、飴玉にハマることなんて生涯一度もないだろうと思っていた辛党の私が、こちらの商品のリピーターとなってしまいました。

　これだけニッキが主張しているニッキ飴を、今まで知りませんでした。甘すぎず、ずっと舐めていてもだるくならず、ニッキ独特の辛味に喉の奥がピリピリする感じを受けるほど。

　これはきっと、年配の方には懐かしく、若い方には新しい味だと思います。白い肉桂玉のほうは、くどさが残らないようにざらめを使い、よりコクのある黒肉桂のほうは、上級の沖縄産黒糖を使用しているとのこと。そしてなぜかこの飴はコーヒーととても相性がいいので、オフィスに置いても喜ばれるかもしれませんね。

やや歯応えのあるお餅、
常友も人気の商品。
和菓子が好きな人にはたまらない。

桜間見屋
岐阜県郡上市八幡町本町862

TEL　0575-65-4131
FAX　0575-65-3055
URL　http://www.ohmamiya.com

休●水曜
取寄せ方法●電話、FAX
注文から商品到着までの期間●1〜2日
支払い方法●郵便振替

四方を山で囲まれた城下町・郡上八幡で明治20年より店を構える。

商品名
肉桂玉《にっけいだま》、黒肉桂《くろにっけい》、常友《つねとも》

容量
肉桂玉　缶入150g
黒肉桂　缶入150g
常友　10個入

価格
肉桂玉　525円
黒肉桂　525円
常友　997円

販売期間
通年

口に含んだ瞬間、懐かしいニッキの香りが。
ついつい手が出てしまう、飽きの来ない味。

さらさらした食感の和風アイスは気立てが良くてあっさりタイプの京美人

特選セット12個入り「極《ごく》彩《さい》」

とても京都らしいアイスクリームを発見しました。その店名も、〈祇園きなな〉です。

黒ごま、小豆、黒みつ、抹茶、よもぎ、そしてプレーンというラインナップですが、注目すべきはなんといっても、それぞれのベースがきなこ味だということでしょう。凍らせたきなこがこんなにも美味しく変身するなんて…やるじゃないの！　という感じ(笑)。

なーんだ今流行の和風アイスでしょ、そんなのコンビニにもあるわ、と一くくりにしてほしくはないのです。市販のアイスクリームの品質表示欄を見ると、ほとんどが安定剤という添加物を使っています。これは、口あたりを良くするためなのですが、こちらのお店では、安定剤の代わりに、こんにゃくや海草から作られた素材でなめらかさを出しているそうです。

もちろん、素材へのこだわりも半端じゃないのです。ベースとなるきなこは、丹波産の黒大豆きなこ。黒ごまは、ごま油でおなじみの京都の名店・山田製油さんのねりごま。抹茶はもちろん、宇治から最高級品を取り寄せているとのこと。こんなに京都らしさを楽しめるアイスは、他にないと思います。

どのお味も素材を下手にいじることなく、作り手の優しさがにじみ出ているよう。また、卵を使用していないため、カロリーも控えめ。卵アレルギーの方にも嬉しいですね。

同じきなこをベースにしていても、
それぞれで味も風味も違う。

商品名	特選セット12個入り「極彩」
容量	京きなな120ml×12個（プレーン・黒ごま・小豆・黒みつ・抹茶・よもぎ各2）
価格	5775円
販売期間	通年

祇園きなな

京都府京都市東山区祇園町南側570-119

TEL　075-525-8300

FAX　075-525-8303

URL　http://www.kyo-kinana.com

休●不定　**取寄せ方法**●インターネット、電話、FAX

注文から商品到着までの期間●5日前後

支払い方法●カード決済、銀行振込、郵便振替、コンビニ払い、代金引換

京都祇園にある町屋を改装した工房併設の店舗では、作りたてのきなこアイスや各種パフェも食べることが可能。

天然素材をふんだんに使用した
無添加のきなこアイス。
パッケージは、近々変更予定とのこと。

甘いのに、確かにしょっぱい!?
塩のジェラートは海のブルーと山のピンク

ブルーピンクソルトパック

　思えば、ジェラートなんていう言葉、昔はありませんでしたよね。それがかつてのイタメシブームあたりからでしょうか、デパートなどでジェラート屋さんが目につくようになりました。色とりどりのフレーバーがケースの中に並ぶ光景は、子どもでなくともウキウキするもの。以前、イタリアでおじさんが、握りこぶしを3つ重ねたようなトリプルのジェラートをニコニコしながら食べているのを見て、本場での人気のほどを知りました。

〈マリオジェラテリア〉さんは、デパ地下好きならご存知の方も多い本格ジェラートショップ。フルーツを使ったフレーバーも美味しいのですが、今回、あえて私は塩のジェラート2種という組み合わせをオススメします。

　ピンクとブルーのコンビネーションなんて、乙女気分が盛り上がるでしょう? でも、一口食べてみると、乙女にはちょっと早いかな、と思われるほどオトナ好みの味わいです。

　甘さの中にはっきりと存在感のある、塩のまろやかな旨味。甘さと塩分の両方が存在している、不思議なバランスなのです。

　ピンクソルトはアンデスの岩塩を、ブルーソルトはシチリア産の海塩にブルーキュラソーで風味をつけています。どちらも口あたりが爽やかで、甘いものが苦手な男性の方にもおすすめです。こんなにおしゃれな〝甘じょっぱさ〟は初体験。塩って、奥が深いですね。

見た目も涼やかなブルーソルト。
シャーベットよりも舌触りは滑らか。

マリオジェラテリア 深川店
東京都江東区木場1-5-10深川ギャザリア ロータスパーク1F
TEL　03-5857-2156
FAX　03-5857-2156
URL　http://www.mariogelateria.com

休●無
取寄せ方法●インターネット、電話、FAX
注文から商品到着までの期間●入金確認後9日以内
支払い方法●カード決済、銀行振込

マリオジェラテリア深川店では、マリオジェラテリアの姉妹店「Crepe-Crepe」の手作りクレープを食べることができる。

商品名	ブルーピンクソルトパック12個入り
容量	ブルーソルト(120ml)×6 ピンクソルト(120ml)×6
価格	5250円
販売期間	通年

シチリア産の海塩を使用した
ブルーソルトに、
アンデス産の赤い岩塩を
使用したピンクソルト。

みやこのオリジナルレシピ

お豆腐のディップ

66ページでご紹介した
ピーナッツペーストの美味しさが
ものを言うレシピ。
上品な甘さとまったり感があとを引きます。
ブロッコリーなどの
茹で野菜とどうぞ。

●材料（作りやすい量）

木綿豆腐……………………………………½丁
ピーナッツペースト・加糖（P66）……………大さじ1
お醤油（P60のお醤油だと最高！）…………大さじ1
油……………………………………………大さじ1

●作り方

❶木綿豆腐はフードプロセッサーでなめらかになるまでくずしておく。
❷ボウルなどに、ピーナッツペーストと油を入れてよく混ぜてから、さらにお醤油を加えて混ぜ、最後に❶を入れて色が均一になるまで混ぜ合わせる。

POINT

このレシピは無糖ではなく、加糖のピーナッツペーストを使うのがオススメ！　油はクセのあるものはNGです。

アボカドのディップ

マグロの赤身をこのディップと和えたものは
我が家で超定番のおつまみ。
大量に作ってトルティーヤチップスの
お供としてもビールが進みます。

●材料（作りやすい量）

アボカド…………………………………………1個
タマネギもしくはエシャロット…½個（みじん切り）
卵黄……………………………2個分（新鮮なもの）
しょっつる（P53）、レモン汁………………各小さじ2
こしょう………………………………………適量
エキストラヴァージンオリーブオイル………大さじ1

●作り方

アボカドの皮をむいて種を取り、ボウルなどに入れてほかの材料と良く混ぜる。

POINT

タマネギ、エシャロットの代わりにミョウガのみじん切りで作ってもオススメ。卵黄は生で使うので、作りおきはしないでください。

旅先で
出会えた、
珠玉の品々!

地元の人も太鼓判

郷土色豊かな
お取り寄せ

全国のあらゆるところに出かけた私が
お持ち帰りしたい!　家で楽しみたい!
と思ったものをご紹介します。
日本の食文化の奥深さを実感できるものばかりです。

バラエティに富んだ地鶏の品は食卓のメインにも、サブにもなる

地鶏さし

九州に出かけると約70％の確率で地鶏に出会います。

そのほとんどは旅館のお食事として、温泉蒸しやお鍋などいろいろな手法で食べさせてくれるもの。そして、いつしか「美味しい地鶏を買って帰り、家で調理してみたい！」という欲求にかられるようになりました。

でも、そう思って探してみると、地鶏屋さんは見つからないもの。そんなとき、ひょんなことから「日田《ひた》においしい地鶏屋がある」と聞きました。教えてくれた人がとってもグルメなので、さっそくその〈竹やぶ〉さんへ。期待通り最高の地鶏でした！

お刺身はクセや生臭さもなく、モッチリとした歯応え。後味も悪くありません！

生たたきは、身が厚いためなかなかの噛み応えで、新鮮な地鶏をダイナミックに食べる醍醐味を教えてくれました。

皮のたたきはコリコリした食感で、タレにつけて噛んでいると次第に甘みが出てきます。

珍しい「もつ」も思わず買っちゃいました！「鳥もつ鍋」にしましたが、たたき同様コリコリしていて、今まで食べていたもつ鍋とは全然違うのです。ただ、そんな中にも柔らかさが見え隠れし、他にはない味に大満足！

こちらは唐揚げ（揚げる前の状態で届きます）もひそかに人気だそうです。日田の隠れた名物・鶏の唐揚げは至るところに専門店があるほど。地鶏づくしを楽しんでみては？

一式取り寄せれば、まさに鶏づくし。
地鶏の各部位が食卓を彩る。

商品名	鶏さし　地鶏生たたき 地鶏皮たたき　鶏もつ
容量	鶏さし　120g、200g、300g、400g 地鶏生たたき　180g 地鶏皮たたき　65g 鶏もつ　500g
価格	鶏さし 120g/300円　200g/500円 300g/750円　400g/1000円 地鶏生たたき　180g/550円 地鶏皮たたき　65g/300円 鶏もつ　500g/550円
販売期間	通年

この地域では、お祝い事に鶏さしを食べる習慣があります。行事のたびに、子供からお年寄りまで、幅広い年齢層の人が「竹やぶ」の地鶏を食べています。

竹やぶ
大分県玖珠郡玖珠町大字戸畑1206
TEL　0973-73-8641
FAX　0973-73-8641
URL　無

休●無　**取寄せ方法**●電話、FAX
注文から商品到着までの期間●昼12時までのご注文で、大阪までは翌日、大阪より東は翌々日配達
支払い方法●代金引換

右上から時計回りに、
親皮たたき、生たたき、鳥さし、もつ、皮たたき。

じっくり漬け込んでいるのに新鮮いしりの深い味わいは感動もの

ほたるいかのいしり漬け

ほたるいかの沖漬けは、居酒屋に行ってもよく見かけますし、スーパーでも手に入りますよね。でもこれは、巷にある瓶詰めの、すぐに喉が渇いてしまうようなしょっぱい沖漬けとは一線を画す、ありそうでない味なのです。

上品な味つけは、日本酒のお供にぴったり。

北陸の人には、いしりはポピュラーな調味料かと思います。イカや鰯などの魚介と塩で作られる魚醤油ですよね。この本でご紹介しているしょっつる(52ページ)ともまた違った、独特の深みとコクがあります。

発酵した調味料が大好きな我が家ですから、そのいしりに新鮮なほたるいかをじっくりと漬け込んだこの商品は、ど真ん中ストレートの好みの味です。

何より、ほたるいかそのものが一級品だと思います。口あたりはレアで、一口噛めばワタの濃厚な旨味がとろりと広がります。ところが、まったく生臭さが感じられません。素人が新鮮なものを買っていしりに漬け込んだとしても、絶対にこうはいかないはず。独特の甘みがあるのに、しつこくない。きっと秘伝の漬け方があるのでしょう。

これはもう、日本酒が止まらないですよ。冷凍なので二カ月間保存も可能です。今晩は呑むわよ！　という日に数時間前から解凍しておくだけでOKなのも嬉しいところ。

七輪などで表面をさっと炙りながら食べると、さらに通好みの味になりますよ。

セコムの食

東京都渋谷区神宮前1-5-1

TEL　0120-049-756

FAX　0120-513-756

URL　http://www.secomfoods.com/

休●日曜　**取寄せ方法**●インターネット、電話、FAX　**注文から商品到着までの期間**●1週間程度　**支払い方法**●カード決済、コンビニ決済、郵便振替、代金引換

「セコムの食」では、スタッフが全国を飛び回って探してきた名品を取り扱っている。

商品名	ほたるいかのいしり漬け3パック
容量	120g×3パック
価格	2980円
販売期間	通年

春から夏にかけて
富山湾で獲れるほたるいかを
奥能登に古くから伝わる
いしりで漬け込んだ。

サロマ湖が育んだ、貴重な海老はやめられない旨さ！

北海しまえび

以前、網走へロケに行ったときにその宿のご主人が「今日はとっておきの美味しい海老を用意してるから、早く仕事終わらせてみんなで飲もうよ！」と満面の笑顔で迎えてくれました。

美味しいものに目がない私達は、まるで目の前にニンジンをぶら下げられたお馬さんのように超特急でロケを終え、ありついたのがこの北海しまえびだったのです。

食堂に行くと、大らかな北海道人らしく、真っ赤にボイルされたしまえびが山盛りになった大きなボールが二つ、テーブルにどかんと乗っていました。海老が大好きな私とカメラマンさんは、まるで「北海しまえび大食い競争」の勢いで黙々と食べ続け、みんなに呆れられながらもそこにあった海老を食べ尽くしたのでした！　そんな中、ご主人があ然としながらも「旨いっしょ！」と連発していたのを覚えています。

このしまえびは、身が詰まっていて濃厚で、頭から尻尾までスキのない旨さがたまりません。口の中で海老が躍るような食感を楽しめます。それほど大きくありませんが、その分、味が濃いのです。頭にぎっしり詰まった味噌がまた絶品。チューチュー吸ってみてください。コクがあってやみつきになっちゃいます！

毎年、北海道からしまえびが届くのを楽しみに待ち、食べたあとは「旨いっしょ！」を連発したいものです。

一度ボイルされているので、解凍すればそのまま食べられる。最初は海老そのものの味を楽しみたい。

オーベルジュ 北の暖暖
北海道網走市大曲39-17
TEL　0152-45-5963
FAX　0152-45-5995
URL　http://www.only-hotsk.com

休●無
取寄せ方法●FAX
注文から商品到着までの期間●3～5日
支払い方法●銀行振込

「オホーツクの旬を食す、語らいの宿」をコンセプトに、知床と流氷の見えるロケーションでオーベルジュがオープンした。

商品名
オホーツク 北海しまえび
容量
1kg（50～60尾）
価格
4725円
販売期間
通年

この海老が獲れるサロマ湖は、
オホーツク海の湾入部が
堆砂によって海と切り離された
海跡湖で、
湖水の塩分は海水に近い。

濃厚なこの味はまるでロブスター!?
阿寒湖から届く、ちょっと珍しいスープ缶

レイクロブスタースープ

ちょっとゴージャスなデザインのスープらしき缶詰。こちらを初めて見かけたとき、「レイクロブスターって何？　レイクはえぇと、湖のことだから…」とその缶を手に取ってから10秒ほどかかってやっと、「ザリガニのことだわ！」と気がついた私でした。

デザインだけ見ると、輸入品のように見えませんか？　でも、これはれっきとした国産品なんです。マリモの里として知られる阿寒湖の、漁業組合さんが販売しているもので、正式にはウチダザリガニという名前のザリガニ君。しかも養殖ではなく、天然物だと聞いて驚きを隠せませんでした。阿寒湖は、釧路の山に四方を囲まれた、とても水のきれいな湖です。

その清らかな水で育ったザリガニ君ですから、にごりや臭みがなくて、とてもクリアな味のクリームスープに仕上がっています。お味は、エビが7、カニが3のミックスという感じでしょうか。甲殻類の旨みがしっかりと出ていて、でも後味はしつこくなく、ザリガニといっても、この実力はなかなかのもの。

実は私、このスープは飲むというよりも、生クリームや牛乳で少しのばして、パスタソースとして重宝しているのです。フィットチーネやリングイネなどとの相性がバツグンにいい！　1缶500円のスープですが、パスタにすると、「1皿2000円」くらいは取れそうなお味になるので、おすすめです。

カニ味噌のような風味も持つ濃厚さ。

阿寒湖漁業協同組合
北海道釧路市阿寒町阿寒湖温泉2-7-2
TEL　0154-67-2750
FAX　0154-67-2830
URL　http://www.akan-gyokyo.com/

休●不定
取寄せ方法●インターネット、電話、FAX
注文から商品到着までの期間●1週間程度
支払い方法●銀行振込、郵便振替

マリモが生息する神秘の湖として知られる阿寒湖の幸を生かし、鮮魚商品や加工商品の販売を行なっている。

商品名
レイクロブスタースープ5缶セット
容量
160g×5
価格
2710円
販売期間
通年

阿寒湖で悠然と育った
天然のウチダザリガニから、
ブイヨンを抽出。

噛むほどに溢れる牛肉のエキス あえて干し肉と呼びたい旨さ

飛騨牛干し肉

　今まで私は大きな誤解をしていました。「牛肉の干し肉＝ハワイのもの」という構図ができていて、干し肉といえばビーフジャーキーをすぐに思い描いていたのです。ビールのお供にぴったりの、ちょっとジャンクなあのおつまみは、お土産でいただくことは多くとも、自分で買って食べることはほとんどありませんでした。だから、こちらの干し肉と出会ったときも、実はあまり期待をしていなかったのですが、良い意味でそれを裏切ってくれた、素晴らしい味でした。これは、いわゆるビーフジャーキーとは、まったくの別物です。

　まず、このお肉の厚さ。今まで食べてきたぺらぺらさとはまるで違います。また、しっとりとした柔らかさとともに一口目から凝縮された牛肉のエキスが溢れんばかりに舞い踊ります。おかしな言い方ですが、食べているうちに、口の中の唾液がブイヨンに変わっていくんじゃないかと思うほどで、それもそのはず、〈古里精肉店〉は、名ブランド、飛騨牛の中でも特に地元で一貫生産されたこだわりの牛肉だけを扱う、地元でも信頼の厚い精肉店さん。そんな良いお肉を惜しげもなく干してしまうのですから、それはそれはバチあたりな(笑)、旨さになります。

　醤油とみりん、塩とこしょうでシンプルに味付けしてあるのも私好み。干し肉にすると、やはり、牛肉に勝る美味しいお肉はありませんよねえ…。

こちらはローストビーフ。繊維がしっかりしていて、肉の甘みも堪能できる。

古里精肉店
岐阜県飛騨市古川町壱之町5-11
TEL　0577-73-2016
FAX　0577-73-0029
URL　無

休●火曜　**取寄せ方法**●電話、FAX
注文から商品到着までの期間●2〜4日
支払い方法●銀行振込(贈答のみ)、郵便振替、代金引換

飛騨の大自然の中で生まれ、育てられた飛騨牛を使用。上質の赤身肉製品を提供している。

商品名
ふる里の飛騨牛干し肉
容量
230g(3パック合計)
価格
3675円(竹かご入りは3938円)
販売期間
通年

厳かな風合いのパッケージに、
ボリュームたっぷりの
干し肉がぎっしりと。

明石の激しい潮流で育った日本一のタコが市場から直接届く贅沢

活だこ

はじめて取り寄せたときは、ぜひ茹でたてをブツ切りにし、何もつけずに食べてみてください。このもっちり感といったら！　今までのタコは何だったのと、思わず声に出していました。弾力がまったく違うのです。表面は柔らかく、中身はきゅきゅっと引き締まった食感。

かつて、日本で一番美味しいタコを探すため、私のふるさとである関西代表・明石のタコと、主人のふるさと、宮城代表・志津川のタコを対決させたことがあります。結果はというと……私は明石派の勝ちと言い、主人は志津川派の勝ちだと言ってお互いに譲りませんでした。人間、やはり生まれたところの味が一番なのでしょうかねえ……。けれど、私は断固として明石のタコをおすすめします！

見た目はいたって普通な、ちょっと色白のタコ。スーパーで見かける外国産のものよりも弱々しい感じに見えてしまうかもしれません。だけど、一口食べれば、その存在感はピカイチ。噛めば噛むほど旨味のエキスが口いっぱいに広がっていき、ずっと噛んでいたいなあと思うほどです。

〈松庄〉さんは明石の魚の棚という市場の中にあるお店。店内にも大きな生簀を持っていて、魚の鮮度に関しては人一倍気を使っていらっしゃるそうです。そのため、活だこが送られてきます。自分で茹でた方が美味しいので、活だこに驚きつつ、その味をご堪能ください。

たかがタコとあなどるなかれ、弾力ある歯応えと味の濃さ。タコがこんなに偉かったとは。

松庄《まつしょう》商店

兵庫県明石市本町1-4-21（明石魚《うお》の《ん》棚《たな》内）

TEL　078-912-3872

FAX　078-912-5230

URL　http://www.matsusyo.co.jp

休●無　**取寄せ方法**●インターネット

注文から商品到着までの期間●2日

支払い方法●カード決済、銀行振込、郵便振替、代金引換

毎日、明石浦漁協へ出向き、セリ台に立って魚をセリ落としているので鮮度は最高。

商品名	活だこ
容量	700〜1000g
価格	時価
販売期間	6〜9月、11月〜2月

大きいものなら1キロ以上もあり、
吸盤の大きさも半端ではない。
ダイナミックに味わって!
美味しい茹で方は、
下記ホームページにも説明がある。

鶏肉とはまた違う旨さをもつ肉を炊き込みご飯で

きじ飯セット

お好みの野菜と合わせて炊飯ジャーで炊くだけで、きじ飯が完成。

鬼北町のきじ? 最初に聞いたときは、思わず『桃太郎』に猿と犬と出てくるきじの姿を想像してしまったのですが(笑)、こちら愛媛県・鬼北町というところは、きじ肉を地元の名産にしようと数年前より農家の有志の方々が養殖をはじめて、現在は年間3万羽も出荷し、高級旅館に卸すまでになったほど。知る人ぞ知る、きじ肉の名産地なのです。

実は今、ひそかにきじ肉ブームなのだとか。カロリーは鶏肉の約半分なのに、タンパク質は1.3倍。それに加えて18種類のアミノ酸を含んでいる素晴らしい健康食なんですって! ふだんお肉を控えている方も、これなら安心して食べられるのでは?

こちらの〈森の三角ぼうし〉さんでは、きじ肉商品をたくさん揃えているのですが、今回私がメインでチョイスしたのは、きじ飯セット。カットしたきじ肉と、旨味が凝縮されたブイヨンがセットになっていて、あとは細く切った油揚げや好みの野菜を入れて一緒に炊き上げるだけ。さっぱりしたお肉なのに、旨味は充分。炊き込みご飯が好きな人には、ぜひ一度試してほしい味です。海苔で巻いておにぎりにしてもいいですね。

きじ焼セットの他にも、しゃぶしゃぶセットや味噌漬け、モモ肉と胸肉も売っています。

しっかりとした歯応えとサッパリ感、鶏とは違う美味しさがありますよ。

道の駅　広見森の三角ぼうし
愛媛県北宇和郡鬼北町永野市138-6

TEL　0895-45-3751
FAX　0895-45-3752
URL　http://www.sankaku-boushi.com

休●月曜(祝日の場合は営業)
取寄せ方法●インターネット、電話、FAX
注文から商品到着までの期間●5～7日
支払い方法●カード決済、銀行振込、郵便振替、代金引換

緑に囲まれた鬼北町の道の駅が特産品販売所となり、賑わいを見せる。

商品名
鬼北熟成きじ飯セットしょうゆ味付
鬼北熟成きじ焼セット

容量
きじ飯　きじ肉100g・出汁600ml
きじ焼　きじ肉200g

価格
きじ飯　1050円、きじ焼　1680円

販売期間
通年

鶏の脂身が苦手な方にも、
試してほしいサッパリ感。
今後ブレイク間違いなし!?

日本屈指のワイルドフード　それは長野の猪鍋だぜ

猪鍋セット

ワイルドだが味は優しく、老若男女に嬉しい鍋だ。

このワイルドさは、今回の本でナンバーワンだと思います。長野県飯田市に店を構えるこの〈山肉専門店　星野屋〉さんは、ちょっとすごいんです。

創業90年のこのお店は、猪を始めとし、鹿や熊など信州の猟師さん達が射止めた動物の肉が集まるお店。つまり、養殖ものは一切なく、山の中を走り回っていた野生の動物達を有難く、大切に食べさせてくれるということなんです。こんな本格的なジビエが自宅で食べられるなんて！

その中でも、この猪肉鍋セットははずせない一品だと思います。これほどクセがなく、滋味深い味の猪肉鍋にはなかなか出会えません。自家製のお味噌で作ったタレの甘辛さが肉の脂と溶け合って、あとを引くこと引くこと。容量は300gですが、それ以上のボリュームに感じられるから不思議です。

肉好きの男性はもちろん、若い女性に人気があるというのも頷けますね。ごぼうや太ねぎ、せりなどの少しクセのある野菜を入れるとベストマッチ。お味噌の味が野菜にもしみこみ、美味しくいただけますよ。ただ一つだけ、煮込み過ぎないように注意しましょう。

お肉を平らげた後は、すき焼きのように煮込みうどんにして〆るのがおすすめ。山肉とは良く言ったもので、山の恵とパワーが口から入ってくる、とても魅力的な逸品です。

商品名	南信州天然猪鍋セット
容量	猪肉300g 味噌ベースストレート汁500cc
価格	3000円
販売期間	通年

山肉専門店　星野屋

長野県飯田市南信濃和田1080

TEL　0260-34-2012

FAX　0260-34-2300

URL　http://www.hoshinoya.jp

休●木曜、年末年始

取寄せ方法●インターネット、電話、FAX

注文から商品到着までの期間●最短2日

支払い方法●代金引換

創業90年、山肉だけを専門に営業しており、都内イタリアン・フランス料理店を中心に卸売も近年増えている。

野生の猪はヘルシーで高タンパクと、
栄養価を考えても申し分ない。

滋養たっぷり参《さむ》鶏《げ》湯《たん》と絶品鉄板やきそば

参鶏湯

韓国料理は辛い！　というイメージが強いですよねぇ。私は（読者の方には言わずもがなですが）、辛いものが大好物なので、韓国料理は全般的に得意。そして、「韓国の人は病気になったときに何を食べるんだろう？」と疑問に思ったことがありました。日本だったらお粥さんや柔らかく茹でたうどんが定番ですが、韓国の人は、病気のときにもキムチやピビンパでスタミナをつけるのかしら？　それもつらいものがあるよなあ、と。それで、仲良しの焼肉屋さんのママにそのことを聞いてみると「参鶏湯！」と即答されたのです。なるほど、滋養がたっぷりで、しかもすごく美味しい「参鶏湯」は、すぐに風邪なんか吹き飛ばしてしまいそう。だけど、鶏を丸々一羽煮込まないといけないし、朝鮮人参やナツメなど漢方系の野菜を揃えるとなると、家の台所で作るのは至難の業です。

　それじゃあ、病気のときに食べられないじゃない…そんな悩みが、こちらのお取り寄せとの出会いで解消されました。大阪は鶴橋のコリアンタウンのシェフが手作りしているこの味は、本場韓国で食べるのとまったく変わらぬ本格派なんです。

　また、一緒に絶対に取り寄せたいのが、甘辛味がたまらない、太麺の「やきそば」。麺を茹でてからフライパンで炒めるという不思議な調理法で、驚くほどもちもちの食感に。こちらは一転して、ジャンクな味が魅力です。

太めの生麺はボリュームたっぷり。
タレには甘口と辛口がある。

韓国&世界のグルメshop　キムチでやせる
大阪府大阪市東成区東小橋1-10-7
TEL　06-6974-0055
FAX　06-6974-0663
URL　http://www.rakuten.co.jp/rabbit/

休●土曜、日曜、祝日　**取寄せ方法**●インターネット、電話、FAX　**注文から商品到着までの期間**●4～5日　**支払い方法**●カード決済、銀行振込、郵便振替、代金引換、コンビニ決済

韓国料理・食材を中心に、中華・和食・洋食・スイーツと幅広く美味しい商品を取り扱っている。

商品名
本格手作りの韓国宮廷料理
無添加・参鶏湯
鶴橋コリアンタウン
繁盛鉄板焼き屋のやきそば4食セット

容量
参鶏湯　1.4kg
やきそば生麺（100g×4玉）
やきダレ（180g×1本）
ヤンニョンジャン（10g×4袋）

価格
参鶏湯　3990円
やきそば　1029円

販売期間
通年

若鶏が丸々一羽、
朝鮮人参やナツメがごろごろと。
あらゆるエキスが
渾然一体とスープに溶けている。

「どでかい！」と叫んでしまうヘビー級はしっかりと貝の身が食べられます

大和しじみ

島根の宍道湖は、全国的にも有名なしじみの名産地。実は以前、こちらでしじみ漁の取材をさせていただいたことがあるんです。寒風吹きすさぶ中、朝早くから漁に出かける、海ならぬ湖の男達のいぶし銀のカッコ良さに、惚れました。「貝は自分では逃げられない。だから僕達が生物の暮らしやすい宍道湖の自然を守らなきゃいけない」としじみ漁に出るのも週何回、何時間だけと制限し、乱獲を防いでいる彼らにもうメロメロです。「普段何気なくお味噌汁に入れているあの小さな貝が、こんなに大切に、丁寧に採られているものだとは！」と感動。

　湖底から採り上げられたしじみは、大きさ別に分けられていきます。そう、こちらではM、L、2L、3Lと、4種類のサイズが選べるのです。私のおすすめは、少々お値段は張りますが、特大サイズで砂抜き済のもの。砂抜きくらい…と思うかもしれませんが、やはりラクチン。特大サイズは、あさりよりも大きくて、食べ応えも充分。56ページのお味噌で赤出汁にし、前回の本で黒七味をご紹介した〈原了郭〉さんの粉山椒をふれば高級料亭も真っ青のお味。お酒とお塩で、しじみの味を生かしたおすましにして、しょうがをきかせてもGOOD！

　それに、しじみは冷凍保存が可能。私は取り寄せるとすぐ冷凍にし、使いたい分だけ取り出しています。

左が、ふつうにスーパーで売られているもの。右が、こちらの3Lサイズ。

島根県の東部に位置する宍道湖で、どんな天候であっても船を出し、新鮮なしじみを仕入れている。

しじみドットコム本舗
島根県簸川郡斐川町大字荘2750-6
TEL　0120-443-418(0853-72-0313)
FAX　0853-72-0313
URL　http://www.sijimi.com

休●水曜
取寄せ方法●インターネット、電話、FAX
注文から商品到着までの期間●2～3日
支払い方法●カード決済、銀行振込、郵便振替、代金引換

商品名
宍道湖《しんじこ》産大和しじみ
容量
1kgごと
価格
時価
販売期間
通年

黒く光った沈黙のしじみたち。
ただならぬ気配とプライドがそこにある。

いぶりがっこをはじめ秋田の漬物はお母さんの温もりがいっぱい

漬け物セット

秋田伝統の味といえば、52ページでもご紹介したしょっつるの他いぶりがっこも有名ですよね。そう、「たくあん」を燻した、あのスモーキーな香りがたまらないお漬物のことです。がっこ、とは秋田弁で漬物のこと。〈お多福〉さんでは、「雅香」という字を書いています。なんだか素敵でしょ？　こちらのがっこは、季節ごとに実にたくさんの興味深い伝統の味を手作りしているのです。

おまかせで詰め合わせてくれるこの漬物セットを最初にお取り寄せしたときは感動しました。というのも、どれもこれも知らない味ばかり、甘さや辛さのバランスも含めそれぞれまったく趣が異なります。

梅酢に漬けたもち米を野菜と混ぜた「あねっこ漬け」、柿の実をまぶした「柿漬け」など、東北の漬物文化の素晴らしさを再認識させてくれる品々です。そして中でもやはり、「いぶりがっこ」。今までは、秋田に行くたびに空港や道の駅で買い求めていましたが、たぶんもう、こちらのもの以外は買わないと思います。いつまでも変わらずに、この味を守り続けてほしい！　勝手ですが、「お取り寄せ重要文化財」に認定しちゃいます。

この他にも、忘れてはならない秋田名物、きりたんぽ鍋のセットもお取り寄せができます。スープはもちろん比内地鶏です。どちらも手作業にこだわった、温もりあふれる味ですよ。

いぶりがっこは、昔ながらの製法でこだわりを持って作られている。

秋田の山・海・里の恵を提供してくれる料亭。きりたんぽも絶品。

お多福
秋田県秋田市新藤田高梨台26-6
TEL　018-832-3987
FAX　018-832-3915
URL　http://akitaotafuku.com

休●日曜、祝日、お盆、年末年始
取寄せ方法●インターネット、電話、FAX
注文から商品到着までの期間●希望があれば対応
支払い方法●カード決済、銀行振込、郵便振替、代金引換

商品名
お多福特製雅香がっこセット
容量
内容に応じて変動
価格
5250円（応相談）
販売期間
要問い合わせ

こちらのセットは5250円だが、
内容や値段の希望に応じて
変更可能とのこと。
季節によっても
味は変わってくる。

プルプルのゼラチン質が肌にも嬉しい豚足の美味しさをまるごと味わう

与那原てびち

味付けされていない
ボイルタイプもあるが、
お手軽なのはやはり味付けタイプ。

「てびちって何？　えっ!?　ブタの足？　そんなの食べられませ〜ん！」なんて言うことのできるかわいい女性になりたかったんです、幼少の頃は……。

　だけど、人間誰しも思い通りにはいかないもの。気が付けば豚足もミミガーも平気で食べて…いや、どちらかと言うと好物の一つになっていました。さよなら、理想の私。

　泡盛を自宅で呑むときは、この沖縄ならではの豚足煮込みがとても恋しくなります。でも、東京ではなかなかいい豚足が見付けられません。万が一手に入ったとしても、自宅の台所で煮込むとなると、きっと一日仕事でしょう。というわけで、これはとっても便利です。袋のまま沸騰したお湯に入れて15分ほど温めるだけなんですから！　味はとても本格的なので、おもてなしのときには、「今日はてびちを煮込んだのよ」と自分の手柄にすれば（笑）、お客様に絶賛されること間違いなしです。

　噛んでいるうちに、溶けてなくなるような柔らかさ。味の決め手となっている沖縄特産の黒糖と泡盛が主張しすぎずにいい塩梅です。余ったてびちを、翌日冷蔵庫から出してみてびっくりしました。きれいな煮こごりができていて、ゼリーのようなんです。豚足のコラーゲンの量はやっぱりあなどれませんね。

　これを食べて泡盛をゴクリとやれば、お肌はツヤツヤ、プルンプルンになるさー！

カネマサミート
沖縄県島尻郡与那原町字与那原3613
TEL　098-946-2329
FAX　098-946-4695
URL　http://www.kanemasa-m.co.jp

休●水曜、日曜、年始（3日まで）
取寄せ方法●インターネット、電話、FAX
注文から商品到着までの期間●1週間程度
支払い方法●銀行振込、郵便振替、代金引換

昭和25年に那覇市で精肉店としてスタート。以来55年、3代に渡り、精肉・加工業を営んでいる。

商品名	与那原てびち
容量	700g（4〜5人前）
価格	1570円
販売期間	通年

沖縄の純黒糖と泡盛でじっくり煮込まれ、
トロトロに仕上がっている。

おわりに

この本を作って、あらためて感じたこと。
それは、「お取り寄せは進化し続けている」ということです。
数年前であればお取り寄せできること自体珍しかった商品が、
インターネットで探せば全国からいくつもヒットします。
旬の野菜や魚が新鮮なうちに届くのも、
宅配システムが充実している日本ならではだと思います。
パリで修行をしていた知り合いのシェフがこう言っていました。
「パリのどんなにいいレストランにだって、
近海で水揚げされた魚が翌日の朝に届くなんてありえませんよ。
一般の家庭に届くなんてもってのほか」と。
ある意味、日本人は世界で一番食に対してこだわりのある
国民なのかもしれませんね。美味しいものを一番良い形で届けようと
日々努力されている作り手の真心と、
それを運んでくれる業者の方がいるという安心感。
お取り寄せはこの国の新しい文化なのだと、
今回しみじみと思ってしまった私です。

実は、本で紹介されると問い合わせが殺到し、
そうした真心が行き届かないから…というような理由で、
掲載を断られてしまったものもいくつかありました。
ある島で大切に育てているマンゴー。地元の人にだけ譲っている
大きなイチゴ。一房に4粒びっしり並んでいるそら豆。
有名な朝市で見つけたみずみずしいキュウリ…
またいつか、お願いに行くこともあるかと思います。
私はあきらめません（笑）。
そして、「うちは通販はやっていないんです」というのを拝み倒し、
メディア初登場ということで掲載させてもらったところも
いくつかあります。断られたお店にも、掲載を許可してくださった
すべてのお店にも、この場を借りて心からお礼を申し上げます。
そして、この本を読んでくださったあなたに、
一番のお礼を申し上げます。
本当にありがとうございました。

竹内都子

「朝だ！　生です旅サラダ」関連の本

竹内都子出演
朝日放送系

旅サラダ　みやこの宿かり日記

日本全国、素晴らしい宿を旅し続けて10年以上。その中から厳選したお宿を大紹介。

●旅サラダ　みやこの宿かり日記Ⅱ

幸せになれる厳選50宿

大好評「みやこの宿かり日記」第2弾！今回も全国から厳選した50軒のお店を紹介。第1弾同様美しい写真がいっぱいで、見ているだけでも楽しめる。

ご家族で、ご夫婦で、女性同士で……行きたい旅がきっと見つかる。

AB判
定価1470円

●旅サラダ　みやこの宿かり日記

くつろぎの厳選50宿

テレビ朝日・朝日放送系で、毎週土曜日の午前8時から放送中の人気番組『朝だ！　生です旅サラダ』。同番組の大人気コーナー「みやこの宿かり日記」が本になって登場。厳選のお宿を紹介。

AB判
定価1400円

「みやこの宿かり日記」の第3弾は、この秋発売予定！

●旅サラダ

私の三ツ星レストラン　東京編

テレビ朝日系列の大人気長寿番組「旅サラダ」の人気コーナーがガイドブックになって登場。有名芸能人やセレブ御用達の東京中の美味しいレストラン・113軒の最新美食案内。和食、中華、韓国、フレンチ、イタリアン、エスニック……東京中のおいしいレストランを一挙紹介！

A5判　1400円

みやちゃんの
一度は食べたい
極うまお取り寄せ 2

2007年5月2日　　初版第1刷発行

●著者　竹内都子
竹内都子のHPはコチラ!
http://www.miyako-land.com/

●撮影(食品)　John Lee
(竹内都子)　佐久間正道

●デザイン　近藤真樹(西川一男デザイン室)
●ヘア&メイク　佐々木ミホ
●編集協力　上楽由美子
●編集　小宮亜里　綾 雄三
●イラスト　小宮礼子
●Special Thanks　菅原大吉、小野口友美
●制作協力　石井光三オフィス

●発行者　木谷仁哉
●発行所　株式会社ブックマン社
〒101-0065 東京都千代田区西神田3-3-5
TEL 03-3237-7777／FAX 03-5226-9599
http://www.bookman.co.jp/
印刷・製本　凸版印刷株式会社

ISBN 978-4-89308-663-1